复杂系统影响因素研究的数据驱动分析方法

李海林　林春培　编著

清华大学出版社
北京

内容简介

本书聚焦于复杂系统影响因素研究的数据驱动分析方法(DAC)，为应对大数据和人工智能时代复杂系统问题提供创新思路与实用工具。第 1 章阐述了传统分析方法在处理复杂系统多变量、非线性和动态变化等特征时的不足，而 DAC 凭借先进的数据挖掘和机器学习算法，通过数据获取、数据处理与变量测量、聚类分析、决策树分析和贝叶斯网络分析 5 个关键阶段(步骤)，为决策制定和优化助力。第 2 章强调指标选取的依据、选取原则等，依据数据类型选择合适量化方法，并通过实例演示如何将实际问题转化为可量化数据集，保障后续分析质量。第 3 章详细介绍数据采集、统计分析、变量选取、校准处理(引入云校准概念)等数据预处理内容。第 4 章讲解基于聚类算法的异质性群体的多种分析。第 5 章使用决策树分析了异质性群体对象的影响因素交互效应。第 6 章运用贝叶斯网络和相关算法探究变量间的作用关系和影响路径。第 7 章通过后发企业创新绩效案例分析，展示 DAC 在实际研究中的应用优势。

本书特色鲜明，内容紧密围绕解决复杂管理问题，案例丰富且分析透彻，从多领域实际问题出发，旨在增强读者对方法的理解与应用能力。本书中代码示例详细，可操作性强。本书适用于工商管理、管理科学与工程、经济与金融等专业的本科生和研究生，为他们开展学位论文研究和学术探索提供新颖视角和方法，帮助他们掌握这一跨学科融合的研究范式。

图书在版编目(CIP)数据

复杂系统影响因素研究的数据驱动分析方法 / 李海林，林春培编著.

北京：清华大学出版社，2025.4. -- ISBN 978-7-302-68545-6

I. TP274

中国国家版本馆 CIP 数据核字第 2025SV3022 号

责任编辑：王　定
封面设计：周晓亮
版式设计：思创景点
责任校对：马遥遥
责任印制：刘　菲

出版发行：清华大学出版社

网　　址：https://www.tup.com.cn，https://www.wqxuetang.com
地　　址：北京清华大学学研大厦 A 座　　　　邮　编：100084
社 总 机：010-83470000　　　　　　　　　　邮　购：010-62786544
投稿与读者服务：010-62776969，c-service@tup.tsinghua.edu.cn
质 量 反 馈：010-62772015，zhiliang@tup.tsinghua.edu.cn

印 装 者：大厂回族自治县彩虹印刷有限公司
经　　销：全国新华书店
开　　本：185mm×260mm　　印　张：15　　字　数：245 千字
版　　次：2025 年 4 月第 1 版　　印　次：2025 年 4 月第 1 次印刷
定　　价：69.80 元

产品编号：110651-01

PREFACE

当今时代,云计算、数字化、5G 和人工智能等信息技术迅猛发展,人类社会经济系统所产生的信息与数据呈指数级爆炸式增长。在此背景下,如何于海量数据中精准挖掘出有价值的信息与知识,探寻其中的变化规律和因果关系,进而推动更为高效的管理决策,成为数字经济时代迫切需要解决的现实难题。数字经济环境下,客观系统具备动态性、随机性,而人类认知存在模糊性、有限性,二者共同构成了管理研究问题的不确定性内涵。传统那种单一线性的因果关系解释方法,在日益复杂多元的管理情境面前显得力不从心。面向复杂系统影响因素研究的数据驱动分析方法(Data-driven Analysis methods for the study of influencing factors in Complex systems,DAC)应运而生。DAC 融合了定量研究和定性研究的优势,借助数据挖掘、机器学习等大数据技术与方法,对复杂系统关键核心因素的间的作用机制展开研究。它整合了定量研究、定性研究以及大数据分析的多维优势,从数据特征、问题特征和管理决策特征的角度出发,构建了将大数据技术应用于管理实践问题的新型研究框架。这一框架能协助决策者依据实际管理问题情境剖析系统因素间复杂的交互机制,从而实现关键知识发现和最优资源配置。

DAC 涵盖以下 5 个核心模块。

其一,数据采集与预处理模块。在研究问题时,此模块依据对当前复杂系统关键前因和结果特征的筛选与检测,运用爬虫、数据解析、数据库技术等手段,将多源异构数据收集起来并处理成结构型数据。同时,此模块利用数据分析手段对数据集进行异常检测和处理,以此提升数据分析质量,为后续研究奠定坚实的数据基础。

其二,指标量化与校准模块。该模块致力于把原始数据转化为可量化的指标,并对其进行校准,以消除数据间的异质性和不一致性。在实际操作中,该模块根据管理决策问题的需求选择合适的指标体系和量化方法,将数据转化为可计量形式的数据。特别地,该模块通过运用云模型进行校准,充分考虑到指标间的模糊性和不确定性,使得量化后的指标能更精准地反映实际情况。

其三,异质性群组划分模块。该模块将研究对象划分为具有相似特征的异质性群组,以便更好地理解和分析不同群组间的差异及影响机制。在此过程中,该模块采用诸如 K-Means、层次聚类、AP 聚类等聚类算法对研究对象开展聚类分析,并依据轮廓系数、簇内平方和等主流聚类评价准则来确定最佳的群组划分数量,将相似性高的个体归入同一群组,进而深入探索不同群组之间的关系与差异。

其四，决策规则提取模块。此模块旨在从数据中挖掘潜在的决策规则，揭示不同因素对决策结果的影响和作用方式；通过运用决策树算法或其他机器学习方法，分析数据中的特征和标签之间的关系，构建决策规则模型，为决策和预测提供有力支持，帮助决策者深入理解决策背后的因果关系和决策规律。

其五，因果关系识别模块。该模块聚焦于识别和分析不同因素之间的因果关系；利用贝叶斯网络等概率图模型，基于统计推断和概率分析方法，探寻不同因素间复杂的因果关系；通过对数据进行建模和推理，发现潜在的因果路径和影响机制，从而更全面地理解和阐释复杂系统中的因果关系。

本书特色

从内容的实际价值来看，本书紧密围绕解决复杂因素影响下的管理问题这一核心。无论是面对工商管理中的市场策略制定，管理科学与工程中的流程优化，还是面对经济与金融领域的风险评估等问题，本书所阐述的 DAC 都能提供切实可行的解决方案。本书阐述了 DAC 每个模块在解决实际问题中的应用方式，使读者能够清晰地理解如何运用 DAC 应对各种复杂管理情境中的挑战，将理论知识转化为解决实际问题的有力工具。

在案例分析的可理解性方面，本书精心挑选了具有代表性的案例，并对每个案例进行了深入细致的剖析。从案例的背景介绍、问题分析到运用 DAC 解决问题的全过程，本书都进行了逐步讲解。通过清晰的逻辑结构和生动的表述方式，使读者在阅读案例时能够轻松理解复杂因素是如何相互作用的，以及 DAC 是如何在实际场景中发挥作用的。这种案例分析方式就像是为读者搭建了一座桥梁，让读者能够顺利地从理论知识学习过渡到实际应用能力掌握，提升对复杂问题的分析和解决能力。

在代码可操作性方面，本书为读者提供了丰富且易于理解的代码示例。针对 DAC 中涉及的各个技术环节，如数据采集与预处理中的云校准代码、聚类算法中的代码实现、决策树算法和贝叶斯网络相关的代码片段等，本书都进行了详细的展示和讲解。这些代码不仅注释清晰，而且经过精心设计和调试，确保读者能够轻松地将其应用于实践中。无论对有编程基础的读者，还是对正在学习编程的新手来说，这些代码示例都能成为他们快速掌握 DAC 并将其应用于实际问题的有力助手，真正实现了理论与实践的无缝对接。

使用对象

DAC 运用基于云模型的数据校准、聚类、决策树、贝叶斯网络等数据挖掘工具，对复杂因素影响机制研究过程中的数据预处理、多元情境识别与分析、影响因素分析和目标提升路径展开研究，以实现复杂系统影响因素机制研究目的。这种方法体现了管理学、统计学与计算机科学等相关学科的交叉融合，创新发展了传统管理研究范式，已在工商管理、管理科学与工程、经济与金融等学科的复杂系统影响机制问题研究领域中得到有效应用，为相关专业本科生和研究生的学术研究提供了一套新颖且可行的方法。希望这本书能成为广大学子和研究者在探索复杂因素影响机制的道路上的一盏指路灯，助力他们在相关领域取得更大的研究成果。

编写致谢

在编写本书的过程中,我们得到了诸多教师、学生和朋友的关心与支持,在此向他们表达衷心的感谢。

首先,要感谢张丽萍、万校基、蔡林峰、谭观音等老师。在编写本书的各个阶段,他们凭借深厚的专业素养和丰富的教学经验,给我们提供了大量宝贵的建议。无论是在内容架构的搭建上,还是在具体知识点的阐述上,他们的指导都犹如明灯,照亮了我们在编写中的迷茫之路。他们的支持是我们完成本书不可或缺的力量,他们的智慧和热情深深感染着我们,让我们在面对困难和挑战时充满勇气和决心。

其次,要感谢编者的研究生团队:周文浩、田慧敏、李虎峰、廖杨月、龙芳菊、汤弘钦、黄梦婷、陈多、陈美婷、付梦等。他们在资料整理、方法研究、案例分析、代码实现等各个方面都付出了辛勤的努力,作出了重要贡献。在资料整理过程中,他们认真细致地收集、筛选和梳理大量的文献资料,为本书内容的丰富性和权威性奠定了坚实的基础。在方法研究方面,他们积极探索,勇于创新,为复杂因素影响机制的研究提供了新的思路和方法。在案例分析环节,他们深入剖析案例,使得案例更具代表性和启发性。在代码实现过程中,他们精心编写和调试代码,确保了本书技术内容的可操作性和准确性。他们的努力和付出是本书得以顺利完成的重要保障,他们的才华和专注让本书更加精彩。

本书免费提供教学课件、教学大纲和电子教案,读者可扫描下列二维码获取。

教学课件　　　　　　教学大纲　　　　　　电子教案

编　者

2025 年 1 月

目录 CONTENTS

第1章 导论 ················· 1
1.1 背景意义 ················· 1
1.1.1 实际背景 ············· 2
1.1.2 重要意义 ············· 4
1.2 数据挖掘的典型应用 ······· 5
1.2.1 自然科学领域的应用 ···· 6
1.2.2 社会科学领域的应用 ···· 7
1.3 基本框架与流程 ············· 9
1.3.1 基本框架 ············· 10
1.3.2 基本流程 ············· 11
1.4 相关软件及工具准备 ······· 14
1.4.1 Python 软件 ············· 14
1.4.2 PyCharm 软件 ············· 19
1.4.3 Graphviz 软件 ············· 25
1.4.4 Netica 软件 ············· 31
1.5 机器学习方法 ············· 34
1.5.1 云模型 ············· 34
1.5.2 聚类算法 ············· 35
1.5.3 决策树算法 ············· 36
1.5.4 随机森林 ············· 37
1.5.5 贝叶斯网络 ············· 37
1.5.6 爬山算法 ············· 38
1.6 案例分析任务与思路 ······· 39
1.6.1 案例分析任务 ········· 39
1.6.2 案例分析思路 ········· 40
参考文献 ··················· 44

第2章 指标构建与量化 ······· 54
2.1 指标选取依据 ············· 54
2.1.1 指标选取原则 ········· 55
2.1.2 指标筛选 ············· 57
2.2 不同数据类型的指标量化方法 ····················· 58
2.2.1 调查问卷数据 ········· 58
2.2.2 实验仿真数据 ········· 60
2.2.3 文本类型数据 ········· 62
2.2.4 网络类型数据 ········· 63
2.2.5 复合类型数据 ········· 65
2.3 案例研究 ················· 67
2.3.1 案例背景 ············· 68
2.3.2 指标选择 ············· 69
2.3.3 指标量化 ············· 71
参考文献 ··················· 73

第3章 数据采集与预处理 ······· 76
3.1 问题描述 ················· 76
3.2 数据来源与采集 ············· 78
3.3 特征选择 ················· 79
3.3.1 描述性统计 ············· 79
3.3.2 相关性分析 ············· 80
3.4 数据校准 ················· 82
3.4.1 正态云模型 ············· 83
3.4.2 数据校准过程 ········· 85
3.5 数据预处理前后结果对比 ···· 91
3.5.1 描述性统计结果对比 ···· 91
3.5.2 相关系数结果对比 ···· 94
3.6 实现代码 ················· 96
参考文献 ··················· 98

第4章 研究对象聚类与异质性群体特征分析 …… 99

- 4.1 问题描述 …… 99
- 4.2 聚类算法选择及依据 …… 100
  - 4.2.1 聚类算法 …… 101
  - 4.2.2 选择依据 …… 107
  - 4.2.3 相关设置 …… 108
  - 4.2.4 聚类结果 …… 110
- 4.3 异质性群体特征分析 …… 114
  - 4.3.1 基本内容 …… 114
  - 4.3.2 群体描述性统计分析 …… 116
  - 4.3.3 异质性群体命名 …… 118
- 4.4 实现代码 …… 119
  - 4.4.1 K-Means 聚类算法示例 …… 120
  - 4.4.2 AP 聚类算法示例 …… 120
  - 4.4.3 肘部算法 …… 121
  - 4.4.4 波士顿房价聚类特征雷达图 …… 122
- 参考文献 …… 124

第5章 异质性群体对象的影响因素分析 …… 126

- 5.1 问题描述 …… 126
- 5.2 研究设计 …… 127
- 5.3 决策树模型基础 …… 128
  - 5.3.1 基本概念 …… 129
  - 5.3.2 建模步骤 …… 137
  - 5.3.3 剪枝策略 …… 138
  - 5.3.4 决策规则 …… 138
- 5.4 决策树建模分析 …… 139
  - 5.4.1 决策树生成与剪枝 …… 139
  - 5.4.2 决策规则生成与分析 …… 144
  - 5.4.3 影响因素分析 …… 145
  - 5.4.4 规则比较 …… 149
- 参考文献 …… 150

第6章 异质性群体对象的因素影响路径分析 …… 152

- 6.1 问题描述 …… 152
- 6.2 研究设计 …… 153
- 6.3 贝叶斯网络 …… 154
  - 6.3.1 基本概念 …… 154
  - 6.3.2 结构学习与参数学习 …… 157
  - 6.3.3 爬山算法 …… 157
  - 6.3.4 敏感度分析 …… 158
- 6.4 复杂因素的影响路径案例分析 …… 159
  - 6.4.1 贝叶斯网络结构学习 …… 160
  - 6.4.2 贝叶斯网络参数学习 …… 163
  - 6.4.3 灵敏度分析 …… 170
  - 6.4.4 结果分析 …… 184
- 6.5 实现代码 …… 189
- 参考文献 …… 190

第7章 基于 DAC 的复杂因素影响机制案例分析 …… 192

- 7.1 网络位置、知识基础与后发企业创新绩效 …… 192
  - 7.1.1 研究背景 …… 193
  - 7.1.2 理论基础 …… 195
  - 7.1.3 研究设计 …… 197
  - 7.1.4 研究过程与决策分析 …… 200
  - 7.1.5 结论与启示 …… 208
- 7.2 后发企业如何走出创新困境?——基于知识能力视角 …… 209
  - 7.2.1 研究背景 …… 209
  - 7.2.2 文献梳理 …… 211
  - 7.2.3 研究设计 …… 213
  - 7.2.4 研究过程与分析 …… 216
  - 7.2.5 结语 …… 223
- 参考文献 …… 225

第1章

导　论

在大数据和人工智能时代，各行业数据呈现爆发式增长。传统分析方法难以应对复杂系统中多变量、非线性和动态变化等特征要求。用于复杂系统影响因素研究的数据驱动分析方法采用先进的数据挖掘和机器学习技术和算法，能够更加全面、准确地识别和量化复杂系统中的关键影响因素，为决策制定和优化提供有力支持。该方法的技术流程主要包括数据获取、数据处理与变量测量、聚类分析、决策树分析和贝叶斯网络分析5个关键阶段(步骤)。为有效开展研究，使用者需要掌握扎实的统计学和机器学习理论基础，以及熟练的编程和数据处理技能。同时，使用者还须熟悉并能够配置Python、Graphviz和Netica等专业软件工具。用于复杂系统影响因素研究的数据驱动分析方法的应用广泛，涵盖城市交通系统优化、生态环境保护、金融风险评估和医疗健康管理等多个领域。随着技术的不断发展和应用场景的拓展，该方法正在催生新的研究方向和应用前景，为解决复杂系统问题提供了创新性的思路和工具。

1.1　背景意义

复杂系统通常涉及大量相互作用的组成部分，表现出多变量、非线性和动态变化等特征，传统分析方法往往难以全面把握这些组成部分(系统)的本质和行为规律。同时，大数据、人工智能等技术的迅猛发展为人们提供了前所未有的机遇，使得从海量数据中提取有价值信息成为可能。在这一背景下，复杂系统影响因素研究的数据驱动分析方法结合了数据科学、机器学习和复杂系统理论，为解决复杂问题提供了新的视角和工具。

1.1.1 实际背景

随着大数据、物联网、人工智能、云计算、区块链等前沿技术的不断发展，数字经济和智能经济已经成为推动人类社会经济发展的新动能，并展现出加速发展的态势。数字经济和智能经济是基于大数据及其相关技术的创新和应用而形成的经济形态。数据日益凸显其作用和重要性，其生产、开发和应用已经成为新经济发展的关键因素，为新经济的发展提供了核心支持(李政和周希祯，2020)。随着第五次信息技术革命的持续演进，人类的各种行为和生活轨迹被以数据形式记录下来。目前，大数据已经成为一种社会公共资源，并越来越多地被应用于各个领域的研究和分析。同时，大数据作为一种创新工具，帮助人们更高效地完成工作任务(林甫，2019)。在大数据领域，我国正从跟随者转变为并行者，并在一些以 5G 为代表的通信技术、集成电路、互联网金融等领域取得了领先地位。在这样的背景下，以数据为核心的新技术、新产业、新业态、新模式等逐渐兴起并快速发展，不仅为传统经济注入了新的发展动力，也使国民经济更加"数字化"(李政和周希祯，2020)。根据中国信息通信研究院发布的《中国数字经济发展研究报告(2023 年)》，2022 年，我国数字经济规模达到 50.2 万亿元，与第二产业在国民经济中的比重基本相当，数字经济的质量也得到了显著提升(中国信息通信研究院，2023)。

随着数字经济的迅猛发展，大数据已成为学术界、产业界及政府关注的焦点。中共中央、国务院于 2020 年 4 月发布的《关于构建更加完善的要素市场化配置体制机制的意见》明确将数据纳入"五大生产要素"，标志着大数据已被提升至国家战略的高度。《中华人民共和国国民经济和社会发展第十四个五年规划和 2035 年远景目标纲要》进一步强调，应将大数据作为关键产业进行发展，并着重推动在数据采集、处理、存储、挖掘、分析及可视化处理等领域的技术创新，以培育一个全面覆盖大数据生命周期的产业体系。2022 年 1 月，国务院发布的《"十四五"数字经济发展规划》提出了在 2025 年初步建立数据要素市场体系,并在 2035 年"力争形成一个统一公平、竞争有序、成熟完备的数字经济现代市场体系"(中共中央、国务院,2022)。这些举措对于推动我国数字经济的持续、健康、快速发展具有重要意义。党的二十大报告也明确指出,要加快发展数字经济,促进数字经济和实体经济深度融合,打造具有国际竞争力的数字产业集群。大数据在多个方面影响着人类社会行为,并改变着人们的思维方式。它为社会经济活动中的诸多方面,如社交关系和经济发展提供了更为直观的呈现方式,并促使传统管理决策逐渐向基于数据的决策转变,为管理学研究提供了新的工具和视角(洪永淼和汪寿阳,2021)。

当前的管理研究方法主要分为三大类。第一类是定性研究方法,包括综述研究、访谈研究、扎根理论、案例研究等方法。这些方法已被周小豪和朱晓林(2021)归纳。第二类是数理模型研究方法,如运筹学和博弈论,由张钹和张铃(1990)所代表。第三类是定量研究方法,以计量经济学及方法为代表,纪园园等(2021)对此进行了阐述。部分学者已经对不同因素相互作用下的复杂"组态效应"进行了探索,并在一定程度上阐明了这些因素组合对结果变量的复杂作用机制(杜运周和贾良定,2017)。随着数字化技术的进步,社会体系的复杂性前所未有地增加,引发了一系列挑战性问题。信息技术的迅猛发展导致现实与虚拟世界的不断融合,人与机器的连接程度日益提高,形成了一个"信息—物理—社会"耦合度日益增强的复杂系统,促使社会治理方式发生了深刻的变革(王芳和郭雷,2022)。在数字经济的背景下,各主体间的作用关系变得更加复杂,存在相互依赖性。描述研究对象的数据呈现出高维度化、多特征化的特点,数据类型多样,包括数值型数据、文本型数据、图片型数据、媒体数据等,甚至包括具有时间维度的高维数据。这些都给管理学研究带来了挑战。传统的管理研究范式越来越难以解释系统内复杂因素间的交互影响机制。因此,有必要对现有方法进行创新,以便更好地探究复杂系统问题。

大数据不断发展和人工智能崛起,管理决策在中国特色复杂情境中的应用日益增多(陈国青等,2021)。人们对复杂系统的理论和应用有了更深入的理解,这促进了计算法学的兴起(申卫星和刘云,2020),并使得复杂系统管理成为一种新的研究范式(盛昭瀚和于景元,2021)。例如,一些学者(Varian,2014;洪永淼和汪寿阳,2021)分析了大数据和机器学习为经济学研究范式和方法带来的机遇与挑战，并提出大数据技术有助于促进不同学科之间的融合。其他学者则运用自然语言处理(Kang et al.，2020)、神经网络(胡海青等，2012)等机器学习技术来研究管理问题。他们通过运用爬虫技术和语义分析方法构建指标(胡楠等，2021)，利用文本分析技术挖掘公司年报中的信息(伊志宏等，2019)，以及运用机器学习模型进行决策支持和股票预测(王茹婷等，2022)。

数据挖掘在管理学领域的应用充分展示了大数据技术在管理实践应用中的关键作用。通过数据挖掘，研究者能够揭示更多变量之间的潜在规律，为管理学研究中的知识发现提供有力支持。然而，目前的研究往往采取孤立的视角，导致研究过程缺乏系统性。例如，研究者倾向于单独使用决策树(程平和晏露，2022)、贝叶斯网络(Florio et al.，2018)等机器学习算法来探讨管理问题，或者采用神经网络方法进行管理预测(胡海青等，2012)。在综合分析群体间的差异性、异质性群体内部的前因与结果变量之间的潜在决策规则，以及前因与结果之间的细粒度因果关系时，传统数据挖掘方法仍显得力不从心。

在大数据背景下，本文提出了一种名为数据驱动分析(DAC)的创新方法，旨在研究复杂因素的影响机制，即复杂系统影响因素研究的数据驱动分析方法(Data-driven Analysis methods for the study of influencing factors in Complex systems，DAC)。DAC巧妙融合了定量研究与定性研究的优势，通过一系列数据挖掘任务，如数据校准、聚类分析、决策树分析和贝叶斯网络分析等，构建了一个研究复杂因素影响机制的框架。该方法旨在帮助企业管理者在特定情境下识别实现预期结果所需遵循的决策规则，从而有助于他们合理分配资源，有效达成管理目标。

1.1.2 重要意义

区别于实证研究范式，从大数据视角出发，DAC可以深入挖掘不同特征变量与结果间的复杂关系结构，具有一定学术创新和实践意义。

DAC顺应国家数字经济发展趋势，为针对由此引发的社会系统复杂性问题提供了新的研究方法和思路。大数据被誉为21世纪的"钻石矿"，已经成为我国发展的战略性资源，正在深刻改变人类的生产和生活方式。特别是在科学技术研究领域，基于大数据技术的科研手段和工具为研究者提供了实时监测、跟踪和分析海量数据背后行为规律和管理策略的便利。在数字经济时代背景下，

DAC有助于人们梳理社会系统各主体间的复杂关系,对于加快数字经济的发展,促进数字经济与实体经济的深度融合具有重大意义。

DAC体现了多学科的融合,创新性地发展了传统的管理研究范式。它依托于系统论、信息论和控制论的原理,将系统的演变视为多种不同因素的综合作用。通过数据挖掘算法,DAC能够识别系统内样本的异质性特征,并结合所关注的管理决策问题,提取不同样本空间内影响因素的决策规则,在此基础上,进一步分析复杂因素的影响机制。DAC体现了管理学、统计学与计算机科学等学科的交叉融合,降低了知识获取的复杂性。它为传统管理研究范式带来了新的思考,以决策问题为导向,以数据挖掘算法为技术支撑,为挖掘海量数据背后的重要知识和管理启示提供了一个有效的"工具箱"。

DAC为解决复杂管理问题提供了新的方法和思路。在大数据时代,它为经济、管理等学科中复杂因素影响机制的研究提供了新的研究路径。大数据时代的到来导致大规模、多变量、非结构化数据的不断涌现。一些传统的统计方法和实证分析方法已不再适用于复杂系统的研究分析。DAC从数据挖掘的角度深入分析复杂变量之间的非线性、异质性和离散性等关系及其联动作用机制,不仅能够实现样本内数据的拟合,还能对样本外数据进行精准预测。它通过数据采集(也称为数据收集)、数据清洗、聚类分析、决策分析、影响机制和敏感度分析等流程,深入剖析复杂系统多因素间的影响机制,并通过可视化手段增强了理论模型的可解释性和预测性。应用DAC可以使研究更加科学化、严谨化和精细化,帮助人们在面对问题或挑战时作出更加科学的决策。

1.2 数据挖掘的典型应用

大数据处理构成了一个综合、复杂且多维度的系统,涵盖了众多处理模块。作为大数据处理体系中的一个独立分支,数据挖掘技术与其他模块相辅相成,共同进步。经过多年的发展,数据挖掘研究已经建立了一套坚实的理论基础,涵盖了分类、聚类、模式挖掘和规则提取等领域。Huber等(2019)的评估表明,在数据量庞大时,数据驱动的方法相较于传统分析方法具有明显优势。杜鹃(2020)指出,大数据技术的显著优势在于能够从庞大的数据集中揭示事物间的关联性，并对事物的未来发展进行预测，从而更精确地反映事物的全貌。数据挖掘技术在自然科学和社会科学领域都得到了广泛的应用。谭春辉和熊梦媛(2021)利用隐含狄利克雷分布(Latent Dirichlet Allocation，LDA)模型对国内外数据挖掘研究进行了对比分析，发现国内研究更倾向于社会科学应用，而国外则更偏向自然科学应用；数据挖掘领域的研究重心正逐渐从理论研究转向应用研究，并且与大数据技术结合，催生了许多新兴的发展方向。机器学习方法，如随机森林和神经网络，在工程、商业和科学领域研究中得到了广泛应用(Mjolsness & Decoste，2001)。接下来，研究者将从自然科学和社会科学两个领域探讨数据挖掘的应用。

1.2.1 自然科学领域的应用

数据挖掘在自然科学领域的应用广泛，涵盖了预测、模式发现、规律识别以及辅助决策等方面。在众多学科中，预测是一个备受关注的课题，旨在利用现有数据对未来进行预测。例如，Fernández 等(2020)利用神经网络构建了地铁能量耗散模型，成功预测了能量消耗；Li 等(2020)基于反向传播神经网络(Back Propagation Neural Network，BPNN)对吸能装置的碰撞响应进行了反演预测；赵然杭等(2021)提出了一种基于时序分解的神经网络模型，能够对降水时序数据进行有效挖掘和预测；陈冲等(2021)处理了战场气象环境的历史数据，并提出了一种基于历史数据挖掘的未来战场气象环境数据模糊预测算法。识别和挖掘飞行员操纵数据属于时间序列预测问题，构建模型时需要结合实际应用背景和时间序列预测方法。王志刚等(2021)提出了一种基于长短期记忆网络(Long Short-Time Memory，LSTM)模型的飞行历史数据挖掘模型构建方法，充分利用数据，提取飞行员的飞行智慧，以用于后续型号的研制。

数据挖掘同样在模式发现与规律识别方面得到广泛应用，涉及水利水电、灭火系统、中医药等多个领域。唐凤珍等(2020)为解决梯级电站效益评估中不同电站间经济效益相互关联的复杂性问题，提出了一种基于数据挖掘的电站效益关联分析方法，为多个电站效益评估方法的研究开辟了新途径。在消防领域，数据挖掘的应用主要包括火灾模型建立、分析和识别火灾发展规律等。韩光等(2020)利用数据挖掘技术和深层网络，建立了一个用于自动喷水灭火系统的模型。在中医药研究领域，数据挖掘尤其在用药规律研究和名老中医经验传承方面发挥着重要作用(刘嘉辉等,2020)。例如,学者基于方剂信息的关联规则算法,减少了对中药复方的分析、整理工作,并在此基础上进一步挖掘出中药数据的客观规律;聚类算法以无监督方式挖掘高维中医数据中属性间的固有联系,探索诊断与用药的模式,提高中医诊疗的创新性(陈志奎等,2020)。

数据挖掘对于辅助决策也具有重要意义。医学数据具有多态性、信息缺失性、时序性、冗余性等特点,传统计算方式无法完全满足卫生医学数据的分析需求。采用分类算法,可以根据患者实际情况,模拟医生的诊断方式,进行客观分析,辅助医生作出合理判断(陈志奎等,2020)。

此外,数据挖掘在自然科学中的应用还包括优化、地理信息挖掘、图像识别、故障诊断等方面。数据挖掘技术能够有效解决交通道路和物流网络间的优化问题。随着我国城市化进程的加快和人民生活水平的提高,汽车数量不断增加,导致严重交通堵塞等问题的出现。Gumus 和 Yiltas-Kaplan 等(2020)基于人工神经网络实现了拥堵问题的优化。信息科学及复杂系统领域的许多学者已经针对地理大数据分析和挖掘开展了大量研究(刘耀林等,2022)。地理信息挖掘在智慧城市(姚晓婧等,2019)、公共安全(Liu et al.,2018)、环境保护(Shan et al.,2014)、气候变化(Liess et al.,2017)、流行病防控(Huang et al.,2021)、矿产资源勘查(Guan et al.,2021)等领域均发挥了重要作用。在计算机领域,将数据挖掘技术用于影像识别已较为普遍,如人脸辨识、指纹辨识等。时庆涛等(2020)将数据挖掘技术应用于多光谱图像特征数据处理,提出了一种基于 Contourlet 变换的图像纹理特征挖掘方法。该方法具有高挖掘精度、短挖掘时间、低成本消耗,并能获得均匀度较好、深浅度适中的数据的优点。数据挖掘还被用来检测异常数据,排除故障。例如,朱圳等(2022)提出了一种对通信网络故障进行分类的数据挖掘方法。

1.2.2 社会科学领域的应用

通过数据挖掘技术,研究者可以将信贷数据转化为分类规则,揭示其中与金融政策相悖的信息,为政府的金融干预政策提供依据。李海林等(2022)运用分析与回归树(Classification And Regression Trees,CART)算法,探索了影响杰出学者达成高绩效目标的关键特征因素,并挖掘了规则路径中的非线性复杂关系结构,为实施精心设计的绩效激励措施奠定了基础。

数据挖掘技术能够揭示变量间的因果关系，常见的方法包括贝叶斯网络等。高晶鑫等(2015)构建了一个基于贝叶斯网络的居民出行目的地选择模型，并对模型中的父节点与子节点进行了概率相关性分析，从而揭示了居民出行目的地选择的规律及其影响因素特征。刘建荣和刘志伟(2022)通过贝叶斯网络分析了各种因素对老年人使用公共交通的总体满意度和意愿的影响程度。贝叶斯网络使得设计者能够考虑用户的行为特征和经验需求，并识别出影响用户行为的真实因素。胡康等(2023)利用贝叶斯网络技术深入分析消费者需求和行为，并对快递包装回收进行了系统化设计。李海林等(2023)建立了贝叶斯网络，通过预测分析、原因诊断和贡献率测度等方法，探究了科技补贴和人才补贴与企业创新活动之间的因果作用机制。

数据挖掘技术为政府、平台和企业提供了科学、高效的辅助决策支持。通过大数据技术，研究人员可以迅速获取有价值的信息，及时发现并纠正问题，为社会和政府提供有效的决策参考(顾肃，2021)。物联网和大数据技术在养老行业中有广泛的应用前景。屈芳等(2017)提出了一种"互联网+大数据"的养老方式。该方式基于多源异质信息的汇集与数据融合挖掘，结合通信技术、数据挖掘技术和人工智能技术，利用传感器和智能计算对老年人信息进行实时分析，并提供智能化辅助决策。邱国栋(2018)提出了一种以数据为中心，以算法为手段，以平台为支撑的"数据—智慧"决策模型，为政府指挥决策和社科研究提供了新的理论视角。随着大数据技术应用的普及，数据驱动的决策优化已成为企业科学管理的发展方向(陈国青等，2020)。如何结合企业领域知识和合理运用数据以动态优化企业决策，进而提升企业竞争力并改善消费者体验，是企业运营管理和数智技术发展领域的重要研究问题，也反映为数字经济健康长期发展所需要的企业基础能力之一(Mochon et al., 2017; Zhang & Wedel, 2009)。张诚等(2023)融合运营管理和营销领域知识，提出一个基于深度增强学习的动态促销框架。该框架结合仿真技术和机器学习技术，实现预测与决策分析的协同，为大数据时代的协同分析研究提供了重要参考和思路。王霄(2019)引入数据驱动相关方法研究舱位分配的优化问题，为航空公司作出合理舱位控制决策提供了借鉴。熊浩和鄢慧丽(2022)基于数据驱动与运筹优化结合的视角研究外卖平台派单问题，发现将机器学习、运筹优化和仿真分析相结合的分析方法能帮助外卖平台优化智能派单决策，提高运行效率。

数据挖掘在社会科学领域的应用还包括预测、规律识别、个性化推荐和文本挖掘等。王欣和张冬梅(2018)在收集读者阅读数据,以及挖掘和预测个性化阅读需求的基础上,提出了一种推荐机制,实现了面向读者的个性化、智能化阅读服务。王颖纯等(2018)提出了以知识挖掘为基础的智能推荐服务,包括基于"用户画像"的智能推荐和面向用户需求的智能推荐等。近年来,从大量语言文本中挖掘人类认知模式的研究受到了广泛关注(DeDeo,2022)。Box-Steffensmeier 和 Moses(2021)通过社交媒体信息中的认知偏见和语气来衡量特定群体的认知表达模式,探究其在传染病流行期间对信息传播和公众反应的介导作用。Carrasco-Farré(2022)以在线新闻为研究对象,探究了不同类别错误信息的语法及词汇特征、情感极性和社会认同,进而衡量其中的情绪和道德内容。

数据挖掘在自然科学和社会科学研究中的应用均体现了大数据技术的重要性。数据挖掘有助于研究者明确更多变量间的潜在规律,为研究中的知识发现提供参考。然而,现有研究大多从独立视角展开,研究过程较为零散,如单独运用决策树(程平和晏露,2022)、贝叶斯网络(Florio 等,2018)等机器学习算法探究问题,或运用神经网络方法进行预测(胡海青等,2012)。传统数据挖掘方法在综合剖析群体间的差异性,异质性群体内前因与结果变量间潜在决策规则,前因与结果间细粒度因果关系时仍存在不足。因此,需要提出一种整体研究框架,以系统性地解决复杂性问题。

1.3 基本框架与流程

复杂系统影响因素研究的数据驱动分析方法主要包括 5 个关键阶段(步骤):数据获取、数据处理与变量测量、聚类分析、决策树分析和贝叶斯网络分析。在数据获取阶段,从各种来源收集相关原始数据;在数据处理与变量测量阶段,对原始数据进行清洗、转化和规范化;在聚类分析阶段,识别数据中的潜在模式和分组;在决策树分析阶段,通过决策树分析探索变量间的层次关系和预测规则;最后在贝叶斯网络分析阶段,基于贝叶斯网络分析揭示变量间的概率依赖关系。通过这一系统化的流程,研究者可以有效地从海量数据中提取有价值的信息,揭示复杂系统的内在机制和关键驱动因素,为后续的决策和优化提供支持。

1.3.1 基本框架

DAC 研究框架如图 1.1 所示，大致分为数据采集与预处理、指标量化与校准、异质性群组划分、决策规则提取、因果关系识别 5 个重要模块。

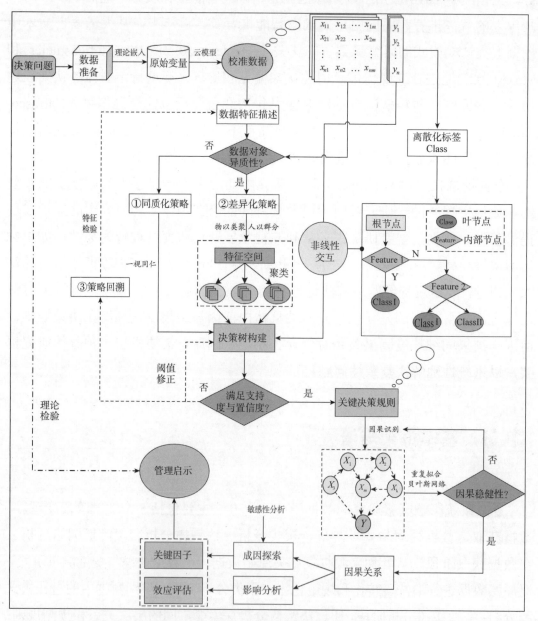

图 1.1 DAC 研究框架

在数据采集与预处理模块，首先根据研究问题，依据指标选取原则，选定相应的前因和结果变量，并采用多种方法从多个来源采集数据，以形成原始数据集。其次，对数据执行异常检测与处理，确保数据的干净与完整性。

在指标量化与校准模块，对于无法直接观测或采集数据的变量，根据其数据类型，选择适当的指标量化方法进行度量，从而获得原始变量数据。采用云模型方法，消除量纲和极值的影响，对原始变量数据进行校准，得到取值分布在 0~1 的前因和结果变量数据值。

在异质性群组划分模块，对校准后的数据进行异质性分析。如果发现不同样本前因间存在显著的异质性，则利用聚类算法对样本空间进行划分，设置相关参数，将样本划分为不同的群体，并对这些群体进行特征分析和可视化。在决策规则提取模块，将结果变量数据纳入研究，针对不同的群体分别进行决策树分析。如果不同样本前因间不存在显著的异质性，则直接对总体样本进行决策树分析。设置决策树的相关参数和剪枝策略，构建决策树模型。如果生成的决策树分枝的支持度和置信度均不高，则通过调整相关参数和剪枝策略来优化决策树，直至满足要求。最终，通过提取决策树中感兴趣的决策规则，进行目标因变量的非线性复杂影响因素交互效应分析。

在因果关系识别模块，针对上述感兴趣的决策规则所对应的研究对象进行深入分析，运用爬山算法识别变量间的相互依赖关系，并构建贝叶斯网络模型。通过敏感度分析，细致探究变量间的影响关系，揭示复杂前因变量对结果变量的影响路径。同时，结合相关管理理论，分析决策规则和影响路径，得出能够指导管理实践的研究结论。

1.3.2 基本流程

DAC 基本操作流程如图 1.2 所示。从图 1.2 中可以得知，DAC 大致包括数据获取、数据处理与变量测量、聚类分析、决策树分析、贝叶斯网络分析 5 个关键阶段(步骤)。

1. 数据获取

当前数据呈现的形式多种多样，如调查问卷数据、实验仿真数据、文本类型数据、网络类型数据等。为了确定研究所需的数据形式和来源，必须仔细分析问题。对于大规模数据集，可以利用 Python 网络爬虫等技术进行采集，或者直接从专业数据库中导出。

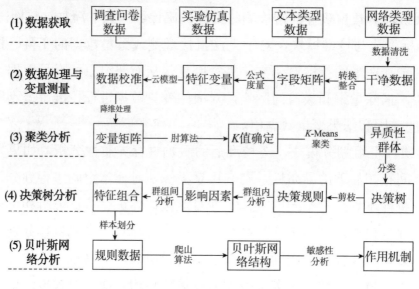

图 1.2 DAC 基本操作流程

2. 数据处理与变量测量

由于主观和客观因素的影响，收集到的原始数据通常包含错误，可能存在如重复记录、格式不统一或数据缺失等问题。为了确保后续研究的精确性，必须对这些原始数据进行清洗和识别，同时实现数据的整合与存储。数据处理流程主要包括统一数据格式，处理无效和缺失值，异常值处理，变量标准化，以及数据的离散化和连续化等步骤。在获取原始数据后，需要进行指标量化，将无法直接观测的指标转化为可操作的指标形式，为深入研究提供坚实的基础。针对不同数据类型，可以采用相应的指标量化方法。例如，对于文本数据，可以使用词频统计、词频-逆文档频率(Term Frequency-Inverse Document Frequency，TF-IDF)、潜在语义分析(Latent Semantic Analysis，LSA)等技术进行度量；而对于网络数据，可以采用社会网络分析法、基于图卷积神经网络的网络嵌入技术等进行评估。在数据访问控制(Data Access Control，DAC)研究中，研究者提出了使用云模型(李德毅，2000)对变量进行数据校准的方法。该方法消除了变量间的量纲和极值影响，将连续数值转换为[0, 1]区间的数值，便于运用数据挖掘技术对复杂因素进行比较和机制研究。

3. 聚类分析

运用单一模型对全部样本数据进行分析往往会导致模型的拟合度下降，并且研究得出的结论可能缺乏普遍适用性。通过在特征变量中识别数据对象的相似性，并据此将数据划分为不同的群体，然后对每个群体应用不同的模型进行分析，不仅可提升模型的拟合度，还增强了分析结果的针对性。聚类算法基于"物以类聚"的原则，将具有相似特征的样本归入同一簇中，确保簇内数据的相似度(Intracluster Similarity)较高，而不同簇间数据的相似度较低。一些常见的聚类算法包括 K-均值聚类算法(K-Means clustering algorithm，K-Means)(Celebi et al.，2013)、近邻传播聚类算法(Affinity Propagation clustering algorithm，AP)(Frey & Dueck，2007)以及基于密度的聚类(Density-Based Spatial Clustering of Applications with Noise，DBSCAN) (Schubert et al.，2017)等。DAC 能够利用聚类等技术手段，将样本数据细分为多个群体，以便后续对不同群体对象进行不同模型的分析，做到"具体问题具体分析"。

4. 决策树分析

为了深入理解在不同情境中自变量的条件属性如何与因变量产生非线性效应，DAC 运用决策树模型对异质性数据集进行细致的决策规则分析。在决策树模型中，节点的分裂规则是基于划分后子空间数据的不纯度来确定的，不纯度越低，意味着分裂规则越有效。通过易于理解的树状结构，研究者可以记录并总结变量之间的映射关系，从而识别哪些特征或特征组合对因变量的决策分类具有最大的影响。此外，这种分析还能揭示异质性群体内部变量间的影响机制，并协助决策者根据已知的变量特征进行属性预测。通过应用 ID3(Iterative Dichotomiser 3)(Quinlan，1986)、C4.5(Quinlan，1993)以及 CART(Denison et al.，1998)等算法，研究者可以进一步分析特征变量组合与结果变量之间的交互作用，明确前因与结果之间的内在联系，并对未知样本数据进行有效预测。

5. 贝叶斯网络分析

DAC 在处理异质性数据群体时，不仅仅局限于单一的前因变量，而是综合考虑了不同前因组合对因变量的交互影响程度。这种方法的核心在于以决策规则中不同特征组合数据为中心，深入挖掘数据之间的内在联系。为了实现这一目标，DAC 采用了爬山(Hill Climbing)算法(Tsamardinos et al.，2006)。这是一种经典的启发式搜索算法，能够有效地识别变量间的逻辑关系。在识别出变量间的逻辑关系后，DAC 进一步构建了贝叶斯网络(Pearl，1986)。这是一种基于概率图模型的因果推断方法。贝叶斯网络能够以图形化的方式表示变量间的条件依赖关系，从而揭示因果关系的复杂结构。

在构建了贝叶斯网络之后，DAC 并没有停止，而是继续深入分析系统内各影响因素间及其与因变量间的因果关系。通过对这些因果关系的识别和判断，DAC 能够对各前因变量的条件概率进行准确估计。条件概率的估计是理解变量间因果关系的关键，因为它能够反映出在给定某些前因变量的条件下，因变量发生的概率变化。最后，DAC 通过条件概率的变化程度进行敏感度分析，以评估不同前因变量对因变量的影响程度。敏感度分析是一种评估模型对参数变化敏感性的方法。通过这种方法，DAC 能够识别出对因变量影响最大的关键前因变量，从而为决策提供更为科学的依据。

1.4 相关软件及工具准备

进行 DAC 研究，一般采用 Python、PyCharm、Graphviz、Netica 等软件工具。图 1.3 展示了各个流程环节所涉及的软件应用，其中虚线箭头指示了在特定分析步骤中使用到的软件。

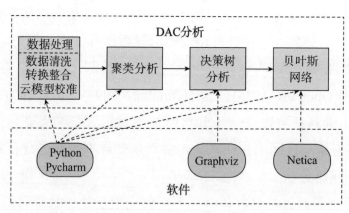

图 1.3　DAC 研究中使用的软件

1.4.1　Python 软件

1. 软件介绍

在 DAC 分析中，校准、聚类、决策树、贝叶斯等关键环节均会运用到 Python 软件。该软件在 DAC 分析中扮演着贯穿始终的角色，而且所附的运行代码也是基于程序语言 Python 编写的。Python 是一种解释型的面向对象编程语言，以简洁的语法和丰富的库资源著称，在人工智能分析领域尤为便捷。例如，sklearn 库支持机器学习任务，numpy 和 scipy 库适用于数值计算，PyBrain 库便于神经网络研究，而 matplotlib 库则助力于数据可视化。

Python 的功能多样。首先，它在机器学习领域中大有可为。在人工智能、机器人技术、图像识别、自然语言处理等研究领域，Python 都扮演着关键角色。其次，Python 可用于编写"爬虫"程序。所谓"爬虫"，是指根据特定规则编写代码，通过自动化工具有针对性地收集和处理数据，以获取所需信息。再次，Python 适用于网站开发。它提供了丰富的免费数据处理库和网站模板系统，以及与网站服务器交互的库，使得网站开发变得简单高效。最后，Python 还广泛应用于嵌入式软件开发、游戏开发等其他领域。

2. 下载安装与配置环境

Python 可在官网下载页面 https://www.python.org/downloads/ 下载，用户可选择适合自己计算机系统版本的安装包下载即可，具体步骤如下。

(1) 打开 Python 下载页面 https://www.python.org/downloads/（见图 1.4），可看到 Window、Linux/UNX、macOS 等各个平台安装包的下载地址，选择与计算机系统相匹配的安装包下载。这里以 Windows 操作平台为例。

图 1.4　Python 下载页面

(2) 在上个页面往下滑，进入选择下载界面。如图 1.5 所示，选择所需要的 Python 版本号，单击"Download"。这里选择 Python3.8.0 安装包下载，也可选择其他更新的版本。

(3) 因需用到 Windows 下的解释器，所以在运行系统中可选择对应的 Windows 版本，有 64 位与 32 位两种选择。executable 指"可执行"，该版本需

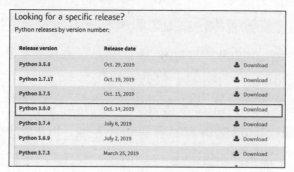

图 1.5　Python 下载界面

在安装后使用，安装过程较容易，一直单击选择默认即可。embeddable 指"嵌入"，该版本解压后可使用。这里选择的是画红线框中这个 64 位的版本。单击"Windows x86-64 executable installer"下载安装包，如图 1.6 所示。

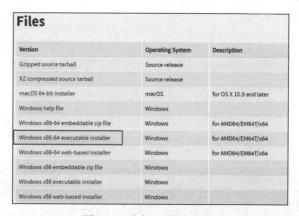

图 1.6　选择下载安装包

(4) 下载后找到安装包，双击打开，单击"运行"按钮(见图 1.7)，进入 Python 安装向导界面。

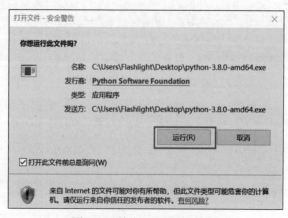

图 1.7　单击"运行"按钮

(5) 在安装界面中，勾选左下角"Add Python 3.8 to PATH"复选框，然后选择第二个自定义安装(Customize installation)，如图 1.8 所示。

图 1.8　选择自定义安装

(6) 选择默认选项即可，单击"Next"按钮，进入安装步骤的下一步，如图 1.9 所示。

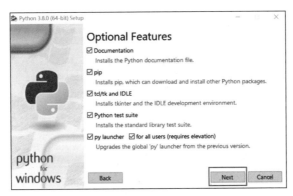

图 1.9　单击"Next"按钮

(7) 选择自定义安装路径，单击"Install"按钮，进行安装，如图 1.10 所示。

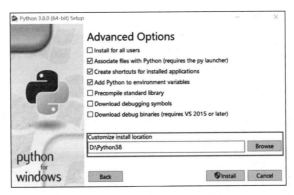

图 1.10　单击"Install"按钮

(8) 等待进度条安装完毕，单击"Close"按钮退出，如图 1.11 所示。

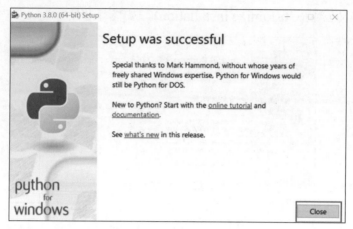

图 1.11　单击"Close"按钮退出

(9) 检查是否成功安装 Python，须按 Win+R 组合键，在弹出的运行框中输入"cmd"，如图 1.12 所示。

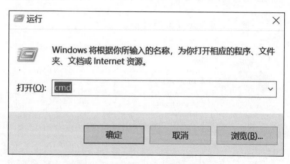

图 1.12　输入"cmd"命令

在弹出来的 cmd 框中输入"python"，若显示出 Python 的版本信息，就为安装成功，如图 1.13 所示。

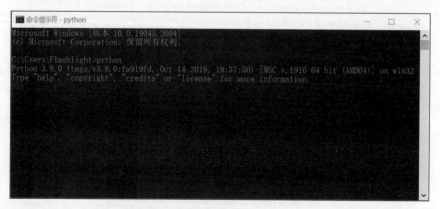

图 1.13　显示 Python 版本信息

1.4.2 PyCharm 软件

1. 软件介绍

PyCharm 是一款功能强大的 Python 集成开发环境(Integrated Development Environment，IDE)配置软件。它为我们提供了便捷的代码编辑和 Python 调试功能，是 DAC 中不可或缺的工具。除了 PyCharm，Python IDE 的家族还包括 IDLE、Anaconda、Jupyter Notebook 和 Spyder 等成员。本书选择 PyCharm 作为主要的讲解对象。PyCharm 配备了一系列实用工具，包括调试器、语法高亮显示、项目管理以及代码导航等。这些工具极大地提升了开发者的工作效率。此外，在 Django 框架的支持下，PyCharm 还为专业级网站开发人员提供了众多高级功能。

2. 下载安装与配置环境

在官网 https://www.jetbrains.com/pycharm/download/ 下载 PyCharm 安装包，注意要和 Python 版本相匹配，安装完成后须配置环境。为了后续研究，须在 PyCharm 软件中安装 sklearn、pandas、matplotlib 等工具库。

(1) 打开 PyCharm 下载网址 https://www.jetbrains.com/pycharm/download/，会看到如下页面(图 1.14)。可看到，网站提供了适合 Windows、macOS、Linux 操作系统的 PyCharm 安装包。这里介绍 PyCharm 在 Windows 下的安装。页面中，"Professional"表示专业版，"Community"是社区版，推荐安装社区版，因为是免费使用的。

图 1.14 PyCharm 官方下载页面

这里以"pycharm-community-2022.3.3"安装包为例介绍下载步骤，单击"2022.3.3-Windows(exe)"(图 1.15)，也可选择适合自己计算机配置的安装包下载。

图 1.15 单击"2022.3.3-Windows(exe)"

(2) 下载后找到安装包，双击打开，单击"运行"，进入 PyCharm 安装向导（图 1.16）。

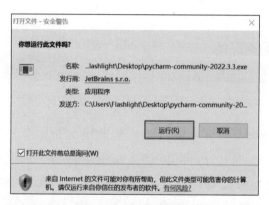

图 1.16 运行安装包

(3) 修改安装路径，这里放的是 D 盘，修改好以后，单击"Next"按钮（图 1.17）。

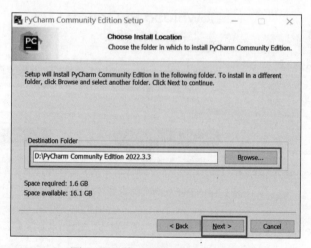

图 1.17 修改安装路径为 D 盘

(4) 勾选相关安装选项复选框，单击"Next"按钮，如图 1.18 所示。

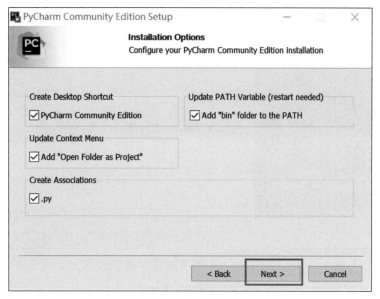

图 1.18　勾选相关安装选项复选框

(5) 选择"开始菜单"目录，以在该目录中建立程序快捷方式，也可建一个新文件夹。单击"Install"按钮，等待安装，如图 1.19 所示。

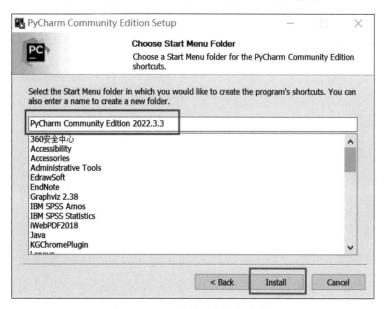

图 1.19　选择目录等待安装

(6) 必须重新启动计算机，才能完成 PyCharm 社区版安装。可选择立即重新启动或稍后手动重启，如图 1.20 所示。

图 1.20　选择重启方式

(7) PyCharm 装好后，双击图标进入该软件，单击"New Project"（图 1.21）。

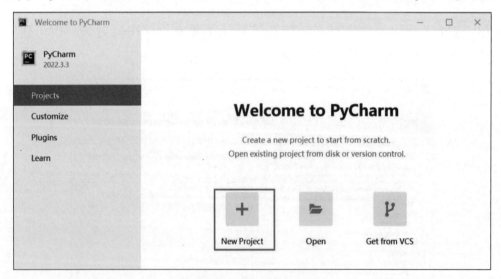

图 1.21　单击 New Project

(8) 接下来配置环境，包括设置路径和选择 PyCharm 对应的 Python 解释器。"Location"是存放工程的路径，在对话框中单击第一个 ▭ ，可以选择"Location"的路径，所选择的路径需要为空，不然无法创建。第二个"Location"是系统默认的，不用修改。在 Base interpreter 中，选择 PyCharm 对应的 Python 解释器。这里选择已下载好的 Python3.8.0 版本的解释器。单击"Create"按钮即可设置，如图 1.22 所示。

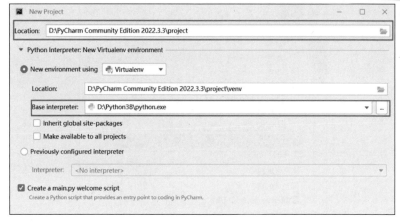

图 1.22　配置环境

(9) 创建一个编译环境。单击"File",然后单击"New"(图 1.23),在弹出的列表中选择"Python File"(图 1.24),将文件命名为"hello"(图 1.25),即可创建新文件。可在该文件中编写代码,运行程序。

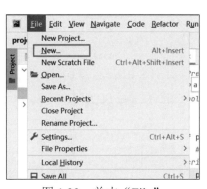

图 1.23　单击"File"

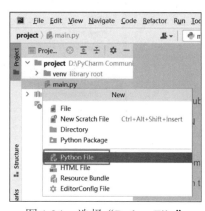

图 1.24　选择"Python File"

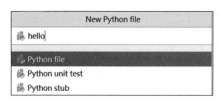

图 1.25　将文件命名为"hello"

(10) 下载工具库。在 DAC 研究中需用到 sklearn、pandas、matplotlib 等工具库。以 sklearn 工具库为例。单击"File"→"Settings"→"Python Interpreter",然后单击右侧的"+",在"搜索"栏里键入"sklearn",然后单击"Install Package",即可安装 sklearn 工具库。其他工具库的安装方式与之相同,如图 1.26~图 1.28 所示。

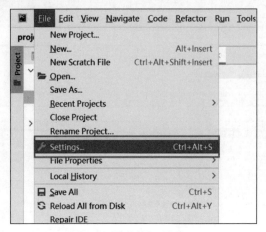

图 1.26　下载工具库 1

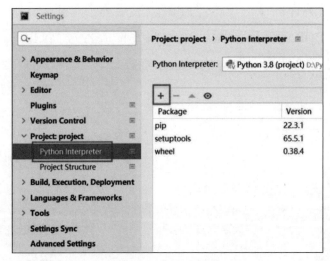

图 1.27　下载工具库 2

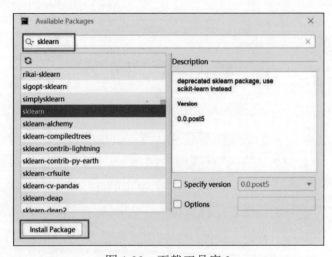

图 1.28　下载工具库 3

以上就是 PyCharm 软件的下载和安装、环境配置以及工具库下载的过程。

1.4.3　Graphviz 软件

1. 软件介绍

Graphviz 是一个图形可视化软件，被用于本书中绘制决策树图。作为一款开源的图形可视化软件，Graphviz 采用 DOT 语言作为脚本，通过其内置的布局引擎对脚本进行解析，从而实现图形的自动化布局。在使用 Graphviz 进行图形绘制时，用户需要编写 dot 脚本来描述各个节点之间的关系，而无需手动处理布局问题。此外，Graphviz 还允许用户自定义图形元素的详细属性，包括节点的字体、颜色以及线条样式等。它支持多种输出格式，如常见的图片格式、SVG以及 PDF 等。Graphviz 还提供了多种布局选项，例如，dot(用于有向图)、neato(用于无向图)、circo(用于圆环布局)等。

2. 下载安装与配置环境

Graphviz 安装时，要先在官网 http://www.graphviz.org/download/下载安装包，按前述方法，安装完成后配置环境变量，打开 cmd，输入命令"dot-version"，若显示版本信息，说明安装成功。用 Graphviz 画决策树图，还需要在 Python 环境(PyCharm)中安装 Graphviz 工具库，画图时需调用该工具库。

(1) 进入下载地址：http://www.graphviz.org/download/，里面有适合 Windows、Mac、Linux 等系统的软件安装包，这里以 Windows 版本的为例。选择适合自己计算机操作系统(64 位或 32 位)的版本，这里以"graphviz-2.49.0(64-bit) EXE installer[sha256]"安装包为例，进行下载(图 1.29)。

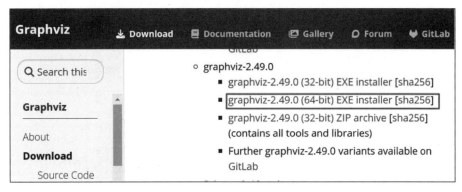

图 1.29　下载安装包

(2) 下载后，双击安装包，单击"下一步"。在"Graphviz 安装"对话框中，选择"Add Graphviz to the system PATH for all users"(将 Graphviz 添加到所有用户的系统路径中),单击"下一步",如图 1.30 所示。

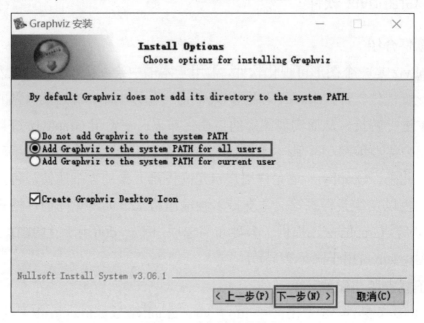

图 1.30　选择软件安装包

(3) 选择安装路径,单击"下一步"(图 1.31)。

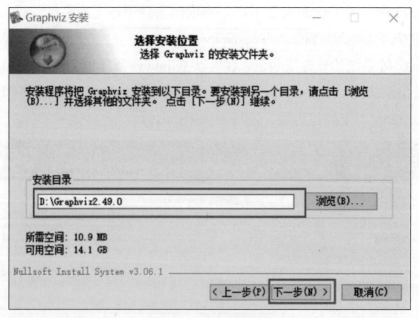

图 1.31　选择安装路径

(4) 选择开始菜单文件夹用于创建快捷方式,单击"安装"(图 1.32)。

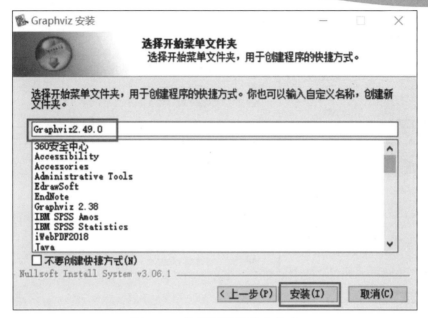

图 1.32　选择开始菜单文件夹

(5) 确认环境变量是正确配置：鼠标右键单击"此电脑"→"属性"→"高级系统设置"→"环境变量"(图 1.33—图 1.35)选择"系统变量"里的"Path"，单击"编辑"(图 1.36)。可以看到，已经在系统变量"Path"中添加了"Graphviz2.49.0"的 bin 文件夹路径(图 1.37)，若没有则需要手动添加路径。

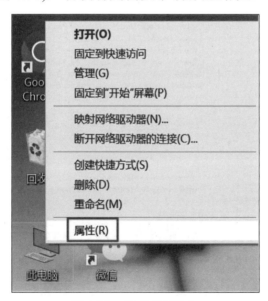

图 1.33　单击"属性"

图 1.34　单击"高级系统设置"

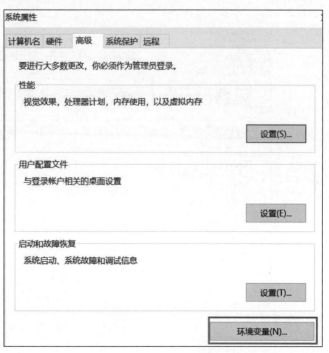

图 1.35　单击"环境变量"

图 1.36　选择"Path"

导 论

图 1.37　添加了 bin 文件夹路径

(6) 查看安装软件的正确性：在 windows 的命令行界面中，键入"dot-version"，单击"确定"，当 Graphviz 的有关版本信息出现时，说明系统已安装并配置了 Graphviz 软件。

(7) 安装 Python 的 Graphviz 工具。

在 cmd 中输入命令"pip install graphviz"，安装完后，再输入命令"pip list"，以确认是否安装成功(图 1.38)。

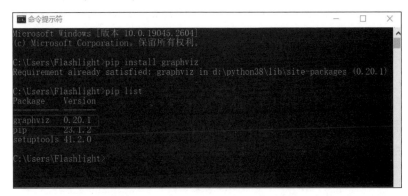

图 1.38　安装 Graphviz 工具并确认

(8) 完成以下 2 个设置，Python 才能调用 Graphviz 工具。首先，打开 cmd 语句输入以下命令：

29

```
echo process1 = subprocess.Popen(command1,stdout=subprocess.PIPE,shell=True)
```

其次，在 Python 安装路径下，找到文件 subprocess.py 并双击打开(图 1.39)。

图 1.39 找到 subprocess.py 文件

找到 Popen(object)类，找到这个类的 init 方法，把"shell=False"修改为"shell=True"，如图 1.40 所示。

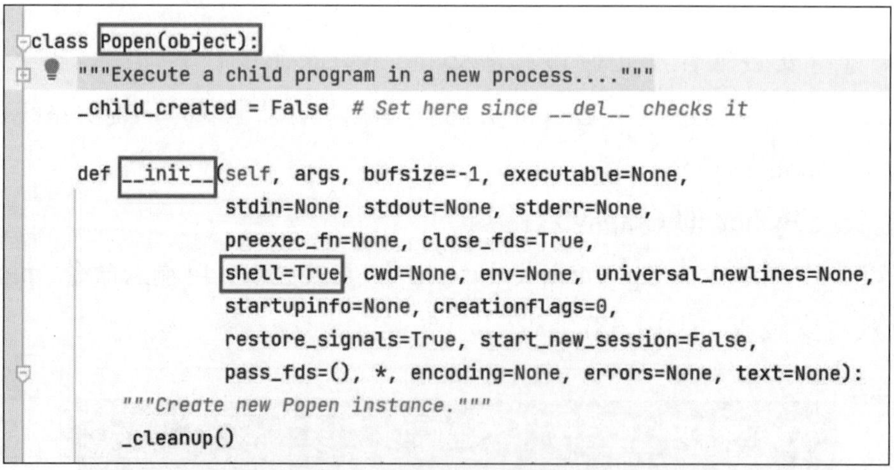

图 1.40 修改为 shell=True

修改好之后，创建一个文件，输入以下代码测试 Graphviz 是否运行正常。

```
from graphviz import Digraph
dot = Digraph('测试')
dot.node("1","Life's too short")
dot.node("2","I learn Python")
dot.edge('1','2')
dot.view()
```

如果看到图 1.41 所示内容，说明 Python 能调用 Graphviz 工具了。

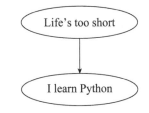

图 1.41　可调用 Graphviz 示意图

1.4.4　Netica 软件

1. 软件介绍

构建贝叶斯网络时，Netica 软件是不可或缺的工具。作为目前应用广泛的贝叶斯网络分析软件，Netica 因其简便性、稳定性和高效性而受到全球众多知名企业的青睐，成为政府机构在决策过程中不可或缺的工具。

首先，构建网络结构。在 Netica 中，可以创建三种类型的节点：状态节点(Nature Node)、决策节点(Decision Node)和效用节点(Utility Node)。状态节点是最为常见的，代表了各个变量可能存在的状态，并展示了这些状态对应的概率值。一旦父节点的概率被确定，子节点就会基于上层节点计算出条件概率，并能够动态地调整状态概率的变化。

其次，创建状态节点。双击黄色椭圆，可以创建多个状态节点；单击黄色椭圆，则创建一个状态节点。构建完成后，退出时需要再次单击黄色椭圆以确认。

再次，创建并指示关系方向。单击父节点名称，再单击子节点名称，并使用箭头连接不同的状态节点，即可完成关系方向的创建。单击状态节点，鼠标拖拽，即可调整节点的位置，箭头会自动随之调整。

最后，对节点进行重命名。双击状态节点，弹出"属性"对话框，在其中输入节点的名称(Name)。然后输入状态(State)，操作方法为：右击"Modify"→"Set States"，每个状态占据一行，之后单击"OK"。使用相同的方法为其他状态节点输入所有状态(States)。

2. 下载安装

Netica 软件可在官网下载页面 https://www.norsys.com/download.html 下载，用户可选择适合自己计算机操作系统版本的安装包进行下载。具体步骤如下。

(1) 打开 Netica 软件网址https://www.norsys.com/download.html，里面有适合 Windows、Mac、Linux 等系统的软件安装包。这里以 Windows 版本的安装包为

例进行下载。单击"Download"下载安装包(图1.42)。

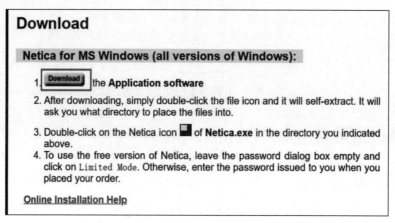

图1.42　单击"Download"下载安装包

(2) 下载后双击安装包，单击"运行"按钮(图1.43)。

图1.43　单击"运行"按钮

(3) 输入Netica_Win.exe的解压路径，单击"Unzip"按钮，将Netica_Win.exe中的所有文件解压到指定的文件夹中，如图1.44所示。解压完成后会弹出如图1.45所示对话框，单击"确定"。

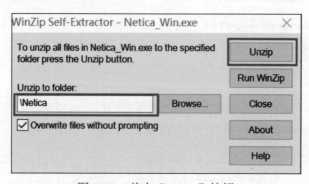

图1.44　单击"Unzip"按钮

图 1.45　解压完成对话框

(4) 双击上述目录中 Netica.exe 的 Netica 图标(图 1.46)。

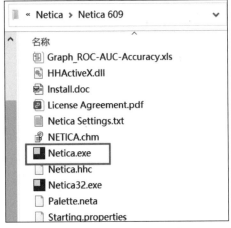

图 1.46　双击 Netica 图标

(5) 在弹出的界面(图 1.47)中，要使用免费版的 Netica，将密码对话框保留为空，然后单击"Limited Mode"。若要获得全部功能，需要购买该软件，并获取密码。最终软件初始界面如图 1.48 所示。

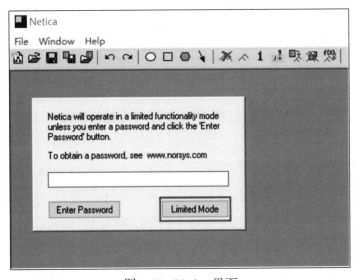

图 1.47　Netica 界面

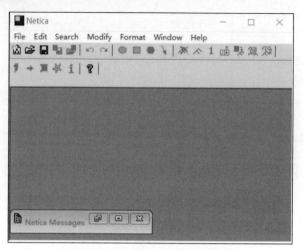

图 1.48　最终软件初始界面

1.5　机器学习方法

数据决策分析致力于运用机器学习算法来解读系统内部复杂因素的运作机制并发掘知识。其核心在于以管理学研究问题为指导，深入探讨管理研究中出现的情境差异、因素间的相关性以及复杂因果关系的识别等关键问题。本节重点阐述 DAC 框架所涉及的机器学习算法。这些算法包括云模型、聚类算法、决策树算法、随机森林、贝叶斯网络以及爬山算法等。

1.5.1　云模型

李德毅院士，一位在人工智能领域享有盛誉的学者，提出了一个名为"云模型"的创新概念。这个模型不仅巧妙地桥接了定性概念与量化表达之间的鸿沟，而且深刻地模拟了人类在认知过程中所固有的模糊性和随机性。这一理论的提出，为处理不确定性问题的人工智能研究领域注入了新的活力，并开辟了新的研究方向(李德毅，2000)。云模型的跨学科特性让它与集对分析、粗糙集理论、机器学习等不同领域的技术优势得以互补。这种互补不仅促进了云模型在评估领域的显著进步，也使得它在多个相关领域中得到了广泛应用(张园等，2023)。

在数据挖掘这个充满挑战的领域，云模型展现出了独特的魅力。它能够深入挖掘过程中的不确定表达，并且能够以定性的方式呈现挖掘结果，为数据的解读提供了新的维度(李海林等，2011)。正态云模型，作为云模型家族中的一员，因其在可视化上的直观体现和广泛的应用场景而备受瞩目。在人们的日常生活中，许多自然现象和社会现象都遵循或接近正态分布，正态云模型因此在统计学、经济学、工程学等多个领域显示出了强大的适用性。

云模型的核心在于它融合了模糊隶属度与随机数据的特性，通过一种名为云发生器的工具，能够将抽象的定性概念转化为具体的量化数字，反之亦然，从而实现了评估指标的"软划分"。这种划分方式比传统的硬性分类更加灵活，更能反映现实世界的复杂性。云发生器分为正向云发生器、逆向云发生器、X条件云发生器和Y条件云发生器。每一种都有其特定的应用场景和优势。云模型的数字化特性主要通过3个关键参数来体现：期望(Ex)、熵值(En)和超熵(He)。它们共同定义了云的形状、厚度和扩展性。

本书深入探讨了云模型在数据处理中的应用，特别是在对原始数据进行校准方面的作用。校准是数据预处理的一个重要步骤，确保了数据的准确性和可靠性，为后续的数据分析和决策提供了坚实的基础。通过云模型的校准，人们能够更准确地捕捉数据的本质特征，从而在复杂的数据环境中作出更加明智的判断。

1.5.2 聚类算法

监督学习专注于有标签的数据集研究，其中分类任务是其典型应用；相对地，无监督学习适用于无标签数据，旨在揭示数据中的隐含结构。聚类便是无监督学习中的一种代表性方法(朱杰和陈黎飞，2017)。聚类技术是数据挖掘的关键，能够利用未标记数据集中的信息，将对象划分为多个簇，确保同一簇内的对象相似度高，而不同簇的对象差异显著。换言之，聚类旨在将相似的数据对象聚集在一起，而将不相似的对象分开，从而便于对不同簇进行深入研究，为后续的研究工作提供明确方向(Ghosal et al., 2020; Higuchi & Maehara, 2021)。聚类技术在机器学习(古天龙等，2022)、图像识别(化春键等，2022)、计算机视觉(卢宏涛和罗沐昆，2022)等多个领域都得到了广泛应用。

常见的聚类方法包括：K-Means聚类、均值漂移聚类、基于密度的聚类、凝聚层次聚类等(王少将等，2023)。随着神经网络技术的不断进步，基于图嵌入和图表达的深度学习聚类算法也得到了广泛应用(Tang et al., 2009)。不同的聚类方法各有其优势和适用条件(侯海薇等，2022)。基于划分的聚类算法运算速度快，但容易陷入局部最优解，不适用于非凸形状的数据，并且需要预先设定簇的数量。基于层次的聚类算法、基于密度的聚类算法和基于图的聚类算法均能适应任意形状的数据集。然而，基于层次的聚类算法对异常值较为敏感，计算复杂度较高，不适宜大规模数据集。基于密度的聚类算法对参数选择较为敏感，不适用于高维数据。基于图的聚类算法对聚类参数和相似图结构较为敏感，不适用于非平衡数据集。基于模型的聚类算法虽然灵活性较高，但计算复杂度较大，依赖于样本信息和经验选择。

聚类评价的常见指标包括轮廓系数(Li et al., 2021；尹世庄等，2002)、Calinski-Harabasz 指数(Li et al., 2021；Renjith et al., 2020)、DBI (Davies-Bouldin index)(Li et al., 2021；Renjith et al., 2020)等。在本书中，聚类算法主要用于根据样本特征将样本划分为不同的群体，有助于后续针对特定群体的决策规则分析，使研究结果更加精确。同时，聚类技术可以作为控制变量的手段，将具有相似特征的样本归为同一类别，有效减少样本间的差异。

1.5.3 决策树算法

决策树(Decision Tree)的概念最早于 1966 年被提出。此后，学者主要致力于基于节点选择的决策树构建、改进与优化(谢鑫等，2022)。作为一种机器学习和数据挖掘技术，决策树在决策支持、信息分析以及医学诊断等多个领域发挥着重要作用(Humbird et al., 2019；Huang et al., 2019；Pavy & Rigling, 2018)。随着研究的不断深入，各种派生算法和相关优化问题相继出现(Quinlan, 1986；Lomax & Vadera, 2013；Barros et al., 2011；Quinlan, 1987；Breiman, 2001；Friedman, 2001)。决策树能够从复杂的数据集中构建出用于决策判断的树状结构，并据此推导出分类规则。其结构类似于真实树木，核心节点代表属性的判断，而叶节点则表示最终的分类结果(张梽和曹健，2016)。作为一种关键的分类与预测工具，决策树旨在揭示属性与类别之间的关系，并对未知数据进行预测。在多阶段决策和优化等领域，决策树模型具有显著的应用价值(Hartmann et al., 1982；Knuth，1971)。

决策树算法包括 ID3、C4.5、C5.0 和 CART(Classification and Regression Tree)算法等。CART 算法因其产生的分支较少和规则的简洁易读性而受到青睐。其树形结构为二叉树(谢鑫等，2022)。现有的决策树算法节点划分主要基于三种方式：基尼指数、信息熵和粗糙集理论(谢鑫等，2022)。ID3 算法和 C4.5 算法等采用信息增益或信息增益率作为度量函数(唐耀先和余青松，2018；王伟等，2015)。CART 算法及相关算法则偏好使用基尼指数作为度量函数(骆盈盈等，2007；Campbell et al.，2009；张亮和宁芊，2015)。为了降低树结构的复杂性，剪枝方法被广泛采用，通过用叶子节点替代某些子树来实现(张棪和曹健，2016)。常见的后剪枝方法包括临界值剪枝方法(Mingers，1989)和最小错误剪枝法(Cestnik & Bratko，1991)等。通过应用决策树算法，可以为每个特定群体构建决策树，从中提取决策规则，并探究达到特定结果的潜在决策路径。

1.5.4 随机森林

相较于传统回归模型，一些先进的机器学习方法如随机森林模型，在信息利用、数据分析深度以及预测性能方面表现更为出色，因此在学术研究和管理实践中的应用日益增多(苏振兴等，2022；曹桃云，2022)。随机森林是一种基于集成学习原理的人工智能技术。为了解决传统决策树算法容易出现过拟合的问题，Breiman(2001)融合了随机抽样与决策树，开发了基于多个 CART 算法和装袋(Bootstrap Aggregating，Bagging，BAB)算法的随机森林集成分类器，并将其应用于图像分类领域。

首先，原始数据被划分为两部分，分别用于训练和检验决策树。接着，通过 N 次有放回的独立随机抽样，获得 N 组与原始训练集大小相同的采样训练集，并利用这些采样训练集来训练，从而得到 M 个基学习器(彭豪杰等，2023)。由于抽样的独立性，每次得到的采样训练集都与原始训练集及其他采样训练集不同，这种设计增加了决策树构建的独立性，有效避免了局部最优解的出现，并确保了决策子树之间的低相关性，从而增强了模型的抗噪声能力和泛化能力(杜续等，2017)。通过反复应用装袋算法，直至构建出所需的所有决策树。随机森林算法的最终输出是基于所有决策树结果的统计分析得出的。对于回归问题，通常采用不同决策树预测值的平均值作为随机森林的输出。对于分类问题，则采用基于决策树输出的多数投票机制来确定最终结果(方匡南等，2011)。

1.5.5 贝叶斯网络

在 1986 年，Judea Pearl 提出了贝叶斯网络(Bayesian Network，BN)。这是一

种标准化的映射，其本质与人脑的逻辑处理方式相似(Pearl，1986)。贝叶斯网络是一种结合了图论和概率论的关联模型，利用贝叶斯公式来处理不确定性问题(胡康等，2023)，并融合了机器学习、概率学习和决策分析等多学科技术(何永昌等，2020)。在相关文献中(胡玉胜等，2001；王辉，2002)，贝叶斯网络将多学科知识抽象为概率模型，用于分析、推断和预测不确定性问题。它将实际问题转化为对概率模型中变量概率分布的求解，并提出了相应的网络构建和学习方法。该模型具备预测分析和原因诊断的双向推理功能(王必好和张郁，2019)，有助于揭示自变量对因变量的影响机制(李海林等，2023)。贝叶斯网络广泛应用于医疗、生物和地质勘测等领域，对于识别敏感因素和风险要素具有显著功能，并可用于预测事件的发生。

构建贝叶斯网络大致需要两个步骤：结构学习和参数学习，分别对应实际问题的定性和定量描述(王艺玮等，2021)。贝叶斯网络的拓扑结构由若干可能存在因果依赖关系的变量组成，从而形成一个由多个具有因果相关性的变量构成的有向无环图(Directed Acyclic Graph，DAG)，描述了变量的概率分布及其相互关系，包括代表变量的节点和连接节点的有向边(张宏毅等，2013)。每个节点对应一个条件概率表，展示了变量与其父节点之间的关系强度。若节点没有父节点，则使用先验概率进行数据表达。变量的先验概率以及变量间的条件概率需要从现实数据中广泛学习获得。通过利用贝叶斯网络融合多源信息和处理不确定性问题推理的特性，研究人员可以将相关信息融入网络结构中，处理不确定性知识关系，并进行学习与推理(李锟等，2023)。

1.5.6　爬山算法

爬山算法是一种用于确定贝叶斯网络结构的方法，在贝叶斯网络结构的确定过程中扮演着重要的角色(张燕和陈兆蕙，2020)。作为一种启发式算法，爬山算法在寻找局部最优解和近似最优解方面表现出色。它从已知数据出发，通过训练数据来发现变量之间的依赖关系。在运用爬山算法的过程中，有两个核心要素需要特别关注：一个是用于评价网络结构质量的评分函数，另一个是用于寻找最优网络结构的搜索策略。

具体来说，爬山算法在发现的最佳方案 x 附近进行搜索，以期找到一种新的方法 x'。如果新方法 x'在性能上优于 x，则算法会迁移到 x'，否则保持在原方案 x 上(单冬冬等，2009)。这种局部搜索策略使得算法能够在局部区域内找到最优解，即局部最大值。在这一过程中，通常会使用 BIC 评分函数来评价网络结构与样本数据之间的拟合程度。拟合程度越高，评分也就越高，从而反映出网络结构的质量。

爬山算法具有一些典型的特征。首先，它是一种"贪婪"的搜索方式，始终以最优成本为目标进行搜索。其次，该算法不能向后推演，也就是说，它不能回到之前的状态进行重新评估。爬山算法有多种变体，包括简单爬山算法、Steepest-Ascent 爬山算法和随机爬山算法等。通过运用爬山算法，人们可以从数据对象中挖掘出特征变量与结果变量之间的依赖关系。在获得变量的先验概率和条件概率后，可以搭建出贝叶斯网络的拓扑结构。通过敏感性分析，人们可以进一步明确变量之间的作用机制，从而更好地理解数据之间的内在联系。

1.6 案例分析任务与思路

为具体展示复杂系统影响因素研究的数据驱动分析方法的应用，本文选取 Python 中自带的 Boston(波士顿)房价数据集作为案例，进行分析。Boston 房价数据集中包含了波士顿地区房屋价格及其相关特征，是一个典型的多变量复杂系统。本文将按照数据获取、数据处理与变量测量、聚类分析、决策树分析和贝叶斯网络分析 5 个关键步骤，对该数据集进行全面分析。这个案例旨在演示如何运用 Python 编程语言和相关数据分析库来实现每一个分析步骤，展示复杂系统影响因素研究的数据驱动分析方法的强大功能和实际应用价值。

1.6.1 案例分析任务

为了深入阐释 DAC 的研究框架和流程，本文选取了波士顿房价数据作为样本。该数据集涵盖了与波士顿房价相关的多种变量。传统回归分析等方法难以有效解析这些复杂因素与房价之间的潜在关系。本文应用 DAC 研究框架，旨在探究城镇人均犯罪率、城市环境、人口结构、经济水平等众多复杂因素对平均房价的影响路径及其效果。具体研究任务如下。

(1) 通过特征选择技术，识别出影响波士顿房价的关键因素。鉴于影响波士顿房价的因素众多，特征选择能够帮助排除次要因素，专注于对房价有显著影响的关键因素，从而提升研究结论的代表性和有效性。

(2) 对原始变量进行校准，将数据转换为[0, 1]区间的数值。采用云模型对原始数据进行校准，有助于后续的聚类分析，并减少因数据尺度差异导致的某些特征影响被过分放大的问题。

(3) 依据"物以类聚、人以群分"的原则，对特征进行聚类分析，以识别出波士顿房价的不同类型。为了理解在不同内外部条件下波士顿房价案例的类型和特点，根据主要变量特征进行聚类，将波士顿房价案例划分为不同类型，并对每种类型的案例进行特征分析。

(4) 绘制不同类型特征组合对波士顿房价影响的决策树，提取具有代表性的决策规则，以探究特征组合对波士顿房价的非线性影响。以主要特征指标作为条件属性，将波士顿房价离散化后作为决策属性，运用决策树对不同群体进行规则提取，从而了解不同特征组合对波士顿房价的影响情况。在聚类分析的基础上，进一步分析特征指标对波士顿房价的影响，识别各群组波士顿房价的关键驱动因素及非线性影响效应。

(5) 构建与代表性决策规则相对应的数据对象的贝叶斯网络，以分析特定情境下特征变量与波士顿平均房价之间的因果机制。基于群体划分，使用爬山算法明确变量间的逻辑依赖关系，构建波士顿平均房价的贝叶斯网络模型。通过调整变量各状态的概率，实现贝叶斯推理和诊断，并利用敏感性分析揭示特征变量与波士顿平均房价之间复杂的相互作用机制。

1.6.2 案例分析思路

波士顿(Boston)平均房价案例研究思路如图 1.49 所示。图中包含了指标选取、数据校准、聚类分析、决策树分析、贝叶斯网络分析五个基本过程。

第一，指标选取。指标量化涉及将难以直接观察的指标转化为可操作的形式。这一过程有助于研究人员更深入地理解与分析数据，为后续研究提供坚实的基础。鉴于不同类型的变量在距离、相似性等参数上存在显著差异，选择合适的工具和技术来分析数据至关重要。原始数据必须经过适当处理，以适应后续的分析工作。本文以波士顿房价影响因素研究为例，详细阐述了具体的操作步骤。房价与居民生活紧密相关，并受到多种因素的综合影响，因此必须进行综合分析和研究，以揭示房价影响因素及其作用机制。这不仅能够加深公众对房价波动的理解，还能为房地产市场的管理和决策提供指导。

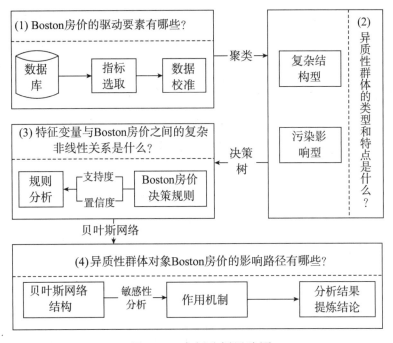

图 1.49　案例分析思路图

第二，数据校准。随着信息化程度的提升，传统的手工统计和数据录入方法已不再适用。然而，依赖大数据技术获取的原始数据可能因缺乏有效的人工核查而失真。因此，对于系统内部分布不均的异常数据，特别是连续型变量的数据，必须进行清洗和校准才能用于进一步分析。DAC 认为，多维变量在空间中的聚集遵循特定的分布特征，而通过抽样得到的样本数据难以直接反映总体的分布情况。因此，对原始分布不均的数据进行校准是深入分析变量间关系的关键前提。本文拟对波士顿房价及其相关因素数据进行校准，为后续分析做好准备。

第三，聚类分析。在数字经济时代背景下，描述研究对象的数据呈现出高维度和多特征的特性。研究者对结果的可解释性和数据分析的优化有明确需求，因此有必要对研究对象进行聚类，以识别并划分出具有不同特征的异质性群体。波士顿房价的影响特征之间也可能存在差异化，因此需要对数据进行合理划分，识别出在特征表现上具有区别的异质性特征群体，并对这些群体进行特征分析，包括统计分析、可视化分析和非线性关系分析等。聚类分析旨在回答以下问题：

(1) 如何识别并划分出具有不同影响特征的波士顿房价数据群体？

(2) 这些异质性群体的特征分布情况以及群体间的特征差异性如何？

第四，决策树分析。在对企业类型进行分类的基础上，需要分析特征变量对结果变量的影响。并非所有特征变量都会对结果变量产生相同的影响，且特征变量的重要性在不同数据样本中也存在差异。因此，需要解决两个问题：

(1) 不同类型群体的结果变量影响因素有哪些？

(2) 异质性群体变量的影响效应有何异同？

与传统回归方法相比，机器学习算法在处理特征影响效应时不受数据结构的限制，在处理效应异质性和变量间非线性关系方面具有显著优势。DAC 适用于结构化和非结构化数据研究，能够通过特定算法揭示变量间的关联性。为解决上述问题，DAC 采用决策树算法，得出决策规则表和异质性群体影响因素的决策树。通过决策规则表分析异质性群体的影响因素，并通过决策树分析和比较异质性群体变量的交互效应。

第五，贝叶斯网络分析。通过决策树分析，我们不仅可以识别出异质性群体对象的影响因素，还可以了解这些因素的取值范围以及它们之间的组合方式如何导致研究对象产生差异性结果。然而，我们通常不了解研究变量间的相互依赖关系、影响路径，也无法分析它们之间的相互作用过程，即不清楚"条件变量→决策变量"的内部作用机制。针对同质性群体对象，从变量内部作用机制的角度出发，分析典型决策规则中条件变量与决策变量之间的相互依赖关系、影响路径及作用过程，有助于我们理解异质性结果产生的复杂原理，进而为研究结果的提升提供针对性策略和方案。为揭示典型决策规则中"条件变量→决策变量"的内部作用机制，DAC 采用爬山算法获取规则中条件变量间的依赖关系，并基于决策树结果构建贝叶斯网络基础模型。随后，利用贝叶斯网络分析工具 Netica，进一步分析典型决策规则中变量间的影响路径和作用过程，完成条件变量之间以及条件变量与决策变量之间的灵敏度分析。

本书主要内容结构如图 1.50 所示。全书共 7 章，之间呈现出递进关系。第 1 章作为研究的序幕，概述了准备工作和研究概览，为后续章节的撰写奠定基础。第 2 章至第 6 章以波士顿房价数据为研究对象，详细介绍了 DAC 的研究框架和流程。每一章都代表了 DAC 的一个核心环节，章之间紧密相连，逐步深入。第 7 章则聚焦于一个具体的管理研究案例，全面运用 DAC 进行深入分析，从而加深对这一方法应用的理解。

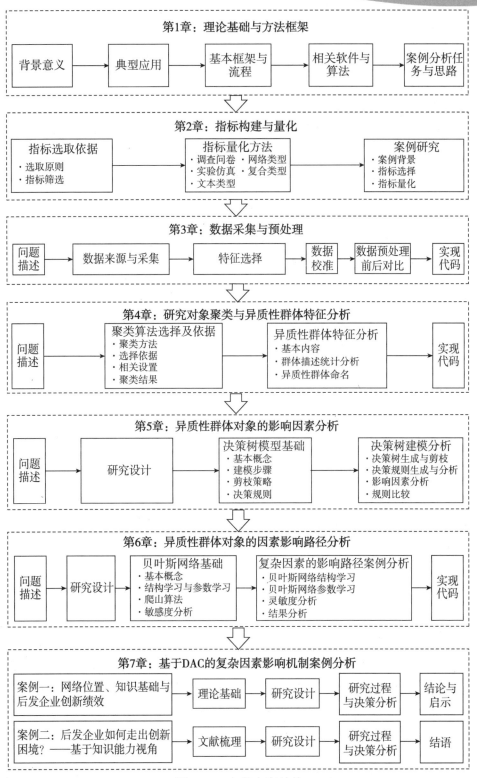

图 1.50　本书内容结构

参考文献

[1] 曹桃云，2022. 基于随机森林的变量重要性研究[J]. 统计与决策，38(04): 60-63.

[2] 陈冲，徐清宇，程欣，等，2021. 基于历史数据挖掘的战场气象环境数据模糊预测算法[J]. 火力与指挥控制，46(05): 76-80.

[3] 陈国青，曾大军，卫强，等，2020. 大数据环境下的决策范式转变与使能创新[J]. 管理世界，36(02): 95-105+220.

[4] 陈国青，张瑾，王聪，等，2021. "大数据—小数据"问题：以小见大的洞察[J]. 管理世界，37(02): 203-213+14.

[5] 陈志奎，宋鑫，高静，等，2020. 基于数据挖掘的中医诊疗研究进展[J]. 中华中医药学刊，38(12): 1-9.

[6] 程平，晏露，2022. 基于CART决策树算法的企业研发项目绩效评价研究[J]. 财会月刊，43(24): 30-37.

[7] 单冬冬，吕强，李亚飞，等，2009. 贝叶斯网学习中一种有效的爬山算法[J]. 小型微型计算机系统，30(12): 2457-2460.

[8] 杜鹃，2020. 领导者在预测性决策中运用大数据技术的基本方略[J]. 领导科学，36(20): 122-124.

[9] 杜续，冯景瑜，吕少卿，等，2017. 基于随机森林回归分析的PM2.5浓度预测模型[J]. 电信科学，33(07): 66-75.

[10] 杜运周，贾良定，2017. 组态视角与定性比较分析(QCA)：管理学研究的一条新道路[J]. 管理世界，33(06): 155-167.

[11] 方匡南，吴见彬，朱建平，等，2011. 随机森林方法研究综述[J]. 统计与信息论坛，26(03): 32-38.

[12] 高晶鑫，隽志才，倪安宁，2015. 基于贝叶斯网络的出行者目的地选择行为建模与应用[J]. 系统管理学报，24(01): 32-37.

[13] 古天龙，李龙，常亮，等，2022. 公平机器学习：概念、分析与设计[J]. 计算机学报，45(05): 1018-1051.

[14] 顾肃，2021. 大数据与认知、思维和决策方式的变革[J]. 厦门大学学报(哲学社会科学版)，96(02): 34-43.

[15] 韩光，李毅，于东兴，等，2020. 数据挖掘在实体火灾实验中的应用研究[J]. 消防科学与技术，39(03): 380-384.

[16] 何永昌，陈之光，王海锋，等，2020. 基于Netica的导弹故障诊断贝叶斯网络模型研究[J]. 航空兵器，27(01): 89-95.

[17] 洪永淼，汪寿阳，2021. 大数据如何改变经济学研究范式？[J]. 管理世界，37(10): 40-55+72+56.

[18] 侯海薇，丁世飞，徐晓，2022. 基于无监督表征学习的深度聚类研究进展[J]. 模式识别与人工智能，35(11): 999-1014.

[19] 胡海青，张琅，张道宏，2012. 供应链金融视角下的中小企业信用风险评估研究——基于SVM与BP神经网络的比较研究[J]. 管理评论，24(11): 70-80.

[20] 胡康，刘伊天，艾险峰，2023. 基于贝叶斯网络的用户需求分析方法研究[J]. 包装工程，44(06): 33-41.

[21] 胡楠，薛付婧，王昊楠，2021. 管理者短视主义影响企业长期投资吗？——基于文本分析和机器学习[J]. 管理世界，37(05): 139-156+11+ 19-21.

[22] 胡玉胜，涂序彦，崔晓瑜，等，2001. 基于贝叶斯网络的不确定性知识的推理方法[J]. 计算机集成制造系统- CIMS，7(12): 65-68.

[23] 化春键，张爱榕，蒋毅，等，2022. 基于改进模糊C均值聚类算法的草坪杂草识别[J]. 华南农业大学学报，43(03): 107-115.

[24] 纪园园，谢婼青，李世奇，等，2021. 计量经济学前沿理论与方法——第四届中国计量经济学者论坛(2020)综述[J]. 经济研究，56(04): 201-204.

[25] 李德毅，2000. 知识表示中的不确定性[J]. 中国工程科学，2(10): 73-79.

[26] 李海林，郭崇慧，邱望仁，2011. 正态云模型相似度计算方法[J]. 电子学报，39(11): 2561-2567.

[27] 李海林，廖杨月，李军伟，等，2022. 高校杰出学者知识创新绩效的影响因素研究[J]. 科研管理，43(03): 63-71.

[28] 李海林，汤弘钦，林春培，2023. 异质性创新补贴对企业创新的机制分析[J]. 华侨大学学报(哲学社会科学版)，41(02): 71-87.

[29] 李锟，王伟全，丁红昌，等，2023. 基于贝叶斯网络的复合双轴转台精度推理研究[J]. 制造技术与机床，73(04): 78-84.

[30] 李政，周希祺，2020. 数据作为生产要素参与分配的政治经济学分析[J]. 学习与探索，42(01): 109-115.

[31] 林甫，2019. 数据驱动下的科技情报工作须更关注和具备三性——创新性、智库性、开放性[J]. 情报理论与实践，42(12): 178.

[32] 刘嘉辉，黄颖娟，吕东勇，等，2020. 数据挖掘在中医药领域的研究态势及应用分析[J]. 中华中医药杂志，35(02): 953-955.

[33] 刘建荣，刘志伟，2022. 基于贝叶斯网络的老年人公交出行行为研究[J]. 武汉理工大学学报(交通科学与工程版)，46(03): 428-432+437.

[34] 刘耀林，刘启亮，邓敏，等，2022. 地理大数据挖掘研究进展与挑战[J]. 测绘学报，51(07): 1544-1560.

[35] 卢宏涛，罗沐昆，2022. 基于深度学习的计算机视觉研究新进展[J]. 数据采集与处理，37(02): 247-278.

[36] 骆盈盈，王柯玲，陈川，等，2007. 结合递增式学习的CART算法改进[J]. 计算机工程与设计，28(07): 1520-1522.

[37] 彭豪杰，周杨，胡校飞，等，2023. 基于深度学习与随机森林的$PM_{2.5}$浓度预测模型[J]. 遥感学报，27(02): 430-440.

[38] 邱国栋，王易，2018. "数据-智慧"决策模型：基于大数据的理论构建研究[J]. 中国软科学，33(12): 17-30.

[39] 屈芳，郭骅，2017. "物联网+大数据"视阈下的智慧养老模式研究[J]. 信息资源管理学报，7(04): 51-57.

[40] 申卫星，刘云，2020. 法学研究新范式：计算法学的内涵、范畴与方法[J]. 法学研究，42(05): 3-23.

[41] 盛昭瀚，于景元，2021. 复杂系统管理：一个具有中国特色的管理学新领域[J]. 管理世界，37(06): 36-50+2.

[42] 时庆涛，朱兴宇，于超，2020. 多光谱图像纹理特征数据挖掘方法仿真[J]. 计算机仿真，37(02): 247-250.

[43] 苏振兴，扈文秀，夏元婷，2022. 基于机器学习的地方政府隐性债务风险先导预警模型[J]. 统计与决策，38(07): 20-25.

[44] 谭春辉，熊梦媛，2021. 基于LDA模型的国内外数据挖掘研究热点主题演化对比分析[J]. 情报科学，39(04): 174-185.

[45] 唐凤珍，顾圣平，张佳丹，等，2020. 基于数据挖掘模型的梯级水电站效益关联探索[J]. 人民黄河，42(06): 143-147.

[46] 唐耀先，余青松，2018. 消除属性间依赖的 C4.5 决策树改进算法[J]. 计算机应用与软件，35(03): 262-265+315.

[47] 王必好，张郁，2019. 基于贝叶斯网络的技术进步预测与路径优化选择[J]. 科学学研究，37(08): 1364-1374.

[48] 王芳，郭雷，2022. 数字化社会的系统复杂性研究[J]. 管理世界，38(09): 208-220.

[49] 王辉，2002. 用于预测的贝叶斯网络[J]. 东北师大学报(自然科学版)，34(01): 9-14.

[50] 王茹婷，彭方平，李维，等，2022. 打破刚性兑付能降低企业融资成本吗？[J]. 管理世界，38(04): 42-64.

[51] 王少将，刘佳，郑锋，等，2023. 机器学习层谱聚类综述[J]. 计算机科学，50(01): 9-17.

[52] 王伟，李磊，张志鸿，2015. 具有容噪特性的 C4.5 算法改进[J]. 计算机科学，42(12): 268-271+287.

[53] 王霄，2019. 数据驱动航空收益管理舱位分配研究[J]. 西安工业大学学报，39(04): 494-500.

[54] 王欣，张冬梅，2018. 大数据环境下基于高校读者小数据的图书馆个性化智能服务研究[J]. 情报理论与实践，41(02): 132-137.

[55] 王艺玮，邓蕾，郑联语，等，2021. 基于多通道融合及贝叶斯理论的刀具剩余寿命预测方法[J]. 机械工程学报，57(13): 214-224.

[56] 王颖纯，董雪敏，刘燕权，2018. 基于知识挖掘的图书馆智慧推荐服务模式[J]. 图书馆学研究，39(09): 37-43.

[57] 王志刚，王业光，杨宁，等，2021. 基于 LSTM 的飞行数据挖掘模型构建方法[J]. 航空学报，42(08): 262-271.

[58] 习近平. 高举中国特色社会主义伟大旗帜 为全面建设社会主义现代化国家而团结奋斗——在中国共产党第二十次全国代表大会上的报告[EB/OL]. (2022-10-25)[2023-05-08]. http://www.gov.cn/xinwen/2022-10-25/content_5721685.htm.

[59] 谢鑫，张贤勇，杨霁琳，2022. 融合信息增益与基尼指数的决策树算法[J]. 计算机工程与应用，58(10): 139-144.

[60] 熊浩，鄢慧丽，2022. 数据驱动外卖平台智能派单的实现机理研究[J]. 南开管理评论，25(02): 15-25.

[61] 姚晓婧，王喆，王大成，等，2019. 智慧城市空间信息公共平台：城市数据价值之源[J]. 中国科学院院刊，34(10): 1165-1175.

[62] 伊志宏，杨圣之，陈钦源，2019. 分析师能降低股价同步性吗——基于研究报告文本分析的实证研究[J]. 中国工业经济，37(01): 156-173.

[63] 尹世庄，王韬，谢方方，等，2020. 基于互信息和轮廓系数的聚类结果评估方法[J]. 兵器装备工程学报，41(08): 207-213.

[64] 张钹，张铃，1990. 问题求解理论及应用[M]. 北京：清华大学出版社，1-10.

[65] 张诚，王富荣，郁培文，等，2023. 基于深度增强学习的个性化动态促销[J]. 管理世界，39(05): 160-178.

[66] 张宏毅，王立威，陈瑜希，2013. 概率图模型研究进展综述[J]. 软件学报，24(11): 2476-2497.

[67] 张亮，宁芊，2015. CART决策树的两种改进及应用[J]. 计算机工程与设计，36(05): 1209-1213.

[68] 张棪，曹健，2016. 面向大数据分析的决策树算法[J]. 计算机科学，43(S1): 374-379+383.

[69] 张燕，陈兆蕙，2020. 基于贝叶斯网络的基因调控研究[J]. 数学的实践与认识，50(08): 84-93.

[70] 张园，郑志学，李华清，2023. 基于可拓理论——云模型的高校石油与天然气工程一级学科科研创新能力评价[J/OL]. 系统科学学报(04):107-112[2023-06-07]. http://kns.cnki.net/kcms/detail/14.1333.N.20221209.0941.004.html.

[71] 赵然杭，甘甜，逄晓腾，等，2021. 基于时间序列分解的降雨数据挖掘与预测[J]. 中国农村水利水电，63(11): 116-122.

[72] 中共中央、国务院. "十四五"数字经济发展规划[EB/OL]. (2022-01-12)[2023-05-08]. http://www.gov.cn/xinwen/2022-01/12/content_5667840.htm.

[73] 中共中央、国务院. 关于构建更加完善的要素市场化配置体制机制的意见[EB/OL]. (2020-04-09)[2023-05-08]. http://www.gov.cn/zhengce/2020-04/09/

content_5500622.htm.

[74] 中共中央、国务院. 中华人民共和国国民经济和社会发展第十四个五年规划和 2035 年远景目标纲要[EB/OL]. (2021-03-13)[2023-05-08]. http://www.gov.cn/xinwen/2021-03/13/content_ 5592681.htm.

[75] 中国信息通信研究院，2023. 中国数字经济发展研究报告(2023)[R]. 北京：中国信息通信研究院.

[76] 周小豪，朱晓林，2021. 做可信任的质性研究——中国企业管理案例与质性研究论坛(2020)综述[J]. 管理世界，37(03): 217-225+14.

[77] 朱杰，陈黎飞，2017. 核密度估计的聚类算法[J]. 模式识别与人工智能，30(05): 439-447.

[78] 朱圳，刘立芳，齐小刚，2022. 基于数据挖掘的通信网络故障分类研究[J]. 智能系统学报，17(06): 1228-1234.

[79] BARROS R C，CERRI R，JASKOWIAK P A，et al.，2011. A bottom-up oblique decision tree induction algorithm[C]// 2011 11th International Conference on Intelligent Systems Design and Applications (ISDA)，IEEE: 450-456.

[80] BOX-STEFFENSMEIER J M，MOSES L，2021. Meaningful messaging: sentiment in elite social media communication with the public on the COVID-19 pandemic[J]. Science Advances，7(29): eabg2898.

[81] BREIMAN L，2001. Random forests[J]. Machine Learning，45(01): 5-32.

[82] CAMPBELL P R J，FATHULLA H，AHMED F，2009. Fuzzy CART: a novel fuzzy logic based classification & regression trees algorithm[C]// 2009 International Conference on Innovations in Information Technology: 175-179.

[83] CARRASCO-FARRÉ C，2022. The fingerprints of misinformation: how deceptive content differs from reliable sources in terms of cognitive effort and appeal to emotions[J]. Humanities and Social Sciences Communications，9(01): 1-18.

[84] CELEBI M E，KINGRAVI H A，VELA P A，2013. A comparative study of efficient initialization methods for the K-Means clustering algorithm[J]. Expert systems with Applications，40(01): 200-210.

[85] CESTNIK B，BRATKO I，1991. On estimating probabilities in tree

pruning[C]// Machine Learning-EWSL-91. Springer Berlin Heidelberg: 138-150.

[86] DEDEO S, 2022. Using big data to track major shifts in human cognition[J]. Proceedings of the National Academy of Sciences, 119(04): e2121300119.

[87] DENISON D G T, MALLICK B K, SMITH A F M, 1998. A bayesian CART algorithm[J]. Biometrika, 85(02): 363-377.

[88] GUMUS F, YILTAS-KAPLAN D, 2020. Congestion prediction system with artificial neural networks[J]. International Journal of Interdisciplinary Telecommunications and Networking, 12(03): 28-43.

[89] FERNÁNDEZ P M, ZURIAGA P S, SANCHIS I V, et al., 2020. Neural networks for modelling the energy consumption of metro trains[J]. Proceedings of The Institution of Mechanical Engineers Part F: Journal of Rail and Rapid Transit, 234(07): 722-733.

[90] FLORIO M, PARTEKA A, SIRTORI E, 2018. The mechanisms of technological innovation in SMEs: A bayesian network analysis of EU regional policy impact on polish firms [J]. Technological and Economic Development of Economy, 24(05): 2131-2160.

[91] FREY B J, DUECK D, 2007. Clustering by passing messages between data points[J]. Science, 315(5814): 972-976.

[92] FRIEDMAN J H, 2001. Greedy function approximation: a gradient boosting machine[J]. The Annals of Statistices, 29(05): 1189-1232.

[93] GHOSAL A, NANDY A, DAS A K, et al., 2020. A short review on different clustering techniques and their applications[M]// Mandal J K, Bhattacharya D. Emerging technology in modelling and graphics: advances in intelligent systems and computing. Singapore: Springer Singapore: 69-83.

[94] GUAN Q F, REN S L, CHEN L R, et al., 2021. A spatial-compositional feature fusion convolutional autoencoder for multivariate geochemical anomaly recognition[J]. Computers & Geosciences, 156: 104890.

[95] HARTMANN C R P, VARSHNEY P K, MEHROTRA K G, et al., 1982. Application of information theory to the construction of efficient decision trees[J]. IEEE Transactions on Information Theory, 28(04): 565-577.

[96]　HIGUCHI A，MAEHARA R，2021. A factor-cluster analysis profile of consumers[J]. Journal of Business Research，123: 70-78.

[97]　HUANG B，WANG J H，CAI J X，et al.，2021.Integrated vaccination and physical distancing interventions to prevent future COVID-19 waves in Chinese cities[J]. Nature Human Behaviour，5(06): 695-705.

[98]　HUANG Y，QUAN Y H，LIU T，2019. Supervised sparse coding with decision forest[J]. IEEE Signal Processing Letters，26(02): 327-331.

[99]　HUMBIRD K D，PETERSON J L，MCCLARREN R G，2019. Deep neural network initialization with decision trees[J]. IEEE Transactions on Neural Networks and Learning Systems，30(05): 1286-1295.

[100]　HUBER J，MÜLLER S，FLEISCHMANN M，et al.，2019. A data-driven newsvendor problem: From data to decision[J]. European Journal of Operational Research，278(03): 904-915.

[101]　KANG Y，CAI Z，TAN C W，et al.，2020. Natural language processing (NLP) in management research: A literature review[J]. Journal of Management Analytics，7(02): 139-172.

[102]　KNUTH D E，1971. Optimum binary search trees[J]. Acta Informatica, 1(01): 14-25.

[103]　LI Y R，ZHU T，TANG Z，et al.，2020.Inversion prediction of back propagation neural network in collision analysis of anti-climbing device[J]. Advances in Mechanical Engineering，12(05): 1-13.

[104]　LI Y，CHU X，TIAN D，et al.，2021.Customer segmentation using K-Means clustering and the adaptive particle swarm optimization algorithm[J]. Applied Soft Computing，113: 107924.

[105]　LIESS S，AGRAWAL S，CHATTERJEE S，et al.，2017.A teleconnection between the West Siberian Plain and the ENSO region[J]. Journal of Climate，30(01): 301-315.

[106]　LIU L，FENG J X，REN F，et al.，2018.Examining the relationship between neighborhood environment and residential locations of juvenile and adult migrant burglars in China[J]. Cities，82: 10-18.

[107] LOMAX S, VADERA S, 2013. A survey of cost-sensitive decision tree induction algorithms[J]. ACM Computing Surveys(CSUR), 45(02): 227-268.

[108] MINGERS J, 1989. An empirical comparison of pruning methods for decision tree induction[J]. Machine Learning, 4(02): 227-243.

[109] MJOLSNESS E, DECOSTE D, 2001. Machine learning for science: state of the art and future prospects[J]. Science, 293(5537): 2051-2055.

[110] MOCHON D, JOHNSON K, SCHWARTZ J, et al., 2017.What are likes worth? A Facebook page field experiment[J]. Journal of Marketing Research, 54(02): 306-317.

[111] PAVY A, RIGLING B, 2018. SV-Means: a fast SVM-based level set estimator for phase-modulated radar waveform classification[J]. IEEE Journal of Selected Topics in Signal Processing, 12(01): 191-201.

[112] PEARL J, 1986. Fusion, propagation, and structuring in belief networks[J]. Artificial Intelligence, 29(03): 241-288.

[113] QUINLAN J R, 1993. C4.5: programming for machine learning[M]. San Mateo: Morgan Kaufmann Publishers.

[114] QUINLAN J R, 1986. Induction of decision trees[J]. Machine Learning, 1(01): 81-106.

[115] QUINLAN J R, 1987. Simplifying decision trees[J]. International Journal of Man-Machine Sudies, 27(03): 221-234.

[116] RENJITH S, SREEKUMAR A, JATHAVEDAN M, 2020. Pragmatic evaluation of the impact of dimensionality reduction in the performance of clustering algorithms[M]// Sengodan T, Murugappan M, Misra S. Advances in electrical and computer technologies. Singapore: Springer Singapore: 499-512.

[117] SCHUBERT E, SANDER J, ESTER M, et al., 2017. DBSCAN revisited, revisited: why and how you should (still) use DBSCAN[J]. ACM Transactions on Database Systems (TODS), 42(03): 1-21.

[118] SHANG J B, ZHENG Y, TONG W Z, et al., 2014. Inferring gas consumption and pollution emission of vehicles throughout a city[C]//

Proceedings of the 20th ACM SIGKDD International Conference on Knowledge Discovery and Data Mining. New York, NY: Association for Computing Machinery: 1027-1036.

[119] TANG J, SUN J M, WANG C, et al., 2009. Social influence analysis in large-scale networks[C]// Proceeding of the 15th ACM SIGKDD International Conference on Knowledge Discovery and Data Mining (KDD 2009): 807-816.

[120] TSAMARDINOS I, BROWN L E, ALIFERIS C F, 2006. The max-min hill-climbing bayesian network structure learning algorithm[J]. Machine Learning, 65(01): 31-78.

[121] VARIAN H R, 2014. Big Data: New Tricks for Econometrics[J]. Journal of Economic Perspectives, 28(02): 3-28.

[122] ZHANG J, WEDEL M, 2009. The effectiveness of customized promotions in online and offline stores[J]. Journal of Marketing Research, 46(02): 190-206.

第2章
指标构建与量化

在复杂系统影响因素研究中,指标构建与量化直接影响后续分析的质量。本章首先讨论指标选取的依据,强调指标选取过程中的伦理原则、问题导向原则、有效原则、分析层次一致原则和文献支撑原则,并阐释如何基于数据类型选择合适的指标量化方法。最后,本章以波士顿(Boston)房价数据集和 IBM HR Analytics 数据集为例,演示如何筛选合适的指标进行分析。通过学习本章内容,读者能够掌握如何构建科学合理的指标体系,并将复杂实际问题转化为可量化、可分析的数据集。

2.1 指标选取依据

研究的核心目标在于解答一个或多个研究问题。这些问题通常源自现实世界中的问题,而后者往往是多种因素相互作用的产物。为了分析这些问题的影响因素,人们的研究范式和方法不断改进。DAC 是一种研究复杂因素影响机制的工具,旨在运用数据驱动帮助企业管理者识别在特定情境下实现预期结果所需遵循的决策规则。这有助于管理者更合理地分配资源,以实现其管理目标。在大数据时代,信息数据的冗余现象十分普遍。DAC 通过预先设定特定系统的指标选取原则和量化方法，确保研究集中于核心问题的解决，并准确选择能够代表因变量和自变量的具体指标，从而提升研究的精确度和效率。

2.1.1 指标选取原则

(1) 伦理原则。

研究人员必须认识到研究对社会的影响，并在研究过程中遵循基本的伦理原则，包括尊重原则和无害原则，尊重人格尊严和个人隐私。研究人员应遵循承担社会责任、避免利益冲突、确保知情同意、保持诚信正直、不歧视、不剥削以及保护隐私等伦理原则。在指标选取上，这些原则应体现为避免使用带有歧视性质的指标，如基于种族、性别、年龄、宗教、性取向、身体特征或其他个人属性的指标。研究人员应以公正、客观的态度对待所有参与者，并确保指标的选取和使用不会对任何特定群体造成歧视或偏见。研究人员应始终将伦理原则纳入指标选取的考量中，确保研究过程和结果不仅具有科学价值，也符合道德和社会期望。研究人员通过遵守伦理原则，建立公正、可靠的研究体系，为学术界和社会作出有益贡献。

(2) 问题导向原则。

问题导向原则是研究人员选取指标时必须遵循的重要原则之一。研究必须明确其问题的特点和需要解决的核心问题，以便有效选择适合的指标。明确研究问题的特点意味着深入了解研究领域的背景和特征，包括对研究对象、研究环境、现有研究情况等的了解，从而确定关键的衡量维度和变量，为指标选取提供指导。核心问题反映着研究的关键目标和焦点，是希望通过研究结果和管理启示来呈现问题的解答结果。在选取指标时，研究人员应以核心问题为指导，确保选取的指标能够直接或间接地反映核心问题所涉及的要素。

该原则的核心在于将指标选取与研究问题紧密联系起来，准确地收集和分析指标，避免指标冗余，从而提高研究的效率和准确性。在实践中，研究人员可通过文献回顾、专家咨询、实地调研等方法确定与研究问题相贴切的指标，保证研究的科学性和可行性。

(3) 有效原则。

有效的指标通常具有可度量性和可靠性，即所选指标可以被准确度量且度量结果可复现，所选指标的性质应稳定、可重复。因此，在研究前期，研究人员需要考虑指标的定义和测量方式，仔细思考和界定所选指标，确保其定义清晰、具体明确，并与研究目的和问题紧密相关。指标的定义应能准确描述待测变量的概念，避免使用模糊或歧义的术语或表述。同时，研究人员还须考虑数据收集的可行性，设想数据收集的渠道以及在成本、时间和人力资源等方面可能受到的限制，确保能够收集到测度指标所需的可靠数据。

通过明确指标定义、测量方式和数据可得性，研究人员能够选取最有效的指标以支持其研究的目的和问题。这不仅能够提供准确的测量结果，还能为其他研究人员提供可复现和可比较的基础，促进学术研究的发展和进步。

(4) 分析层次一致原则。

针对所考察的自变量及因变量，表征它们的指标应在同一层次。如果一个指标是加总的，而另一个指标是属于个体层次的，那么这两个指标所测度的变量在本质上就不能针对同一变量。例如，在研究政府环境规制对企业绿色创新水平影响机制时，自变量为政府环境规制，因变量为企业绿色创新水平。针对每个企业而言，其绿色创新水平可以用研发投入、绿色专利申请数量等指标进行衡量，但其受到政府环境规制的程度却难以测量。现有学者有用人均 GNP 来反映环境规制的强度(陆旸，2009)，也有用企业排污收费进行测度的(张倩，2016)。前者显然是加总后的指标，而后者更能精确地表征单个样本企业受到环境规制影响的程度。

在研究设计和指标选择过程中，确保指标层次一致性十分必要，所选指标应在相同的层次上对应相关的个体、观察单位或实体，以保证研究的有效性和结果的可解释性。

(5) 文献支撑原则。

研究人员在选择变量和相应指标时，都应给出依据，包括引用已有研究文献作为支撑，这有助于表明指标的可靠性，为后续研究提供参考。研究领域的已有文献可以提供宝贵的知识积累和经验教训，研究人员通过综合研究文献，能了解已有研究在指标选取方面的做法和结果，从而避免重复工作并遵循成功经验，以确保所选取的指标能够准确反映研究问题，为研究结果的分析和解释提供有力支持。

指标选取若有文献支持，可以构建一个理论框架，从同一视角在各个维度较为全面地考虑影响因素，增加研究的可靠性、合理性和可解释性。通过引用相关文献，研究人员可以将所选指标置于已有研究的背景中，并确保其基于先前的学术观点和实证验证，从而提高研究的质量和学术价值。

综上所述，研究人员对指标的选取需要考虑研究问题的特点、数据的可靠性和有效性、统计学意义、可靠性以及文献支撑等，以确保所选取的指标能够准确反映研究目的和问题，使得研究结论和管理启示更具有理论价值和实践意义。

2.1.2 指标筛选

尽管在指标选取阶段已经进行了一定的考量和选择，但为了进一步提高指标的质量，研究人员还须对所选指标进行筛选。例如，通过剔除相关性较高的指标，可以避免多重共线性问题，提高模型的简洁性和解释性，提高预测能力和准确性，节省研究资源和成本，并突出研究重点和目的。这样，可以建立更可靠、有效和解释力强的模型，为研究结果提供更有说服力的支持。常用指标筛选方法如下。

(1) 相关性分析法。

通过计算不同指标之间的相关系数，将相关系数较高的指标剔除，留下相关性较弱或独立性强的指标。例如，使用皮尔逊相关系数或斯皮尔曼等级相关系数对指标之间的相关性进行分析，从而剔除相关性较高的指标(杨金勇，2018)。这种方法可以有效地识别并剔除冗余的指标，从而提高模型的简洁性和解释性。

(2) 主成分分析法。

主成分分析法可以将多个相关性较高的指标转换为少数几个独立正交的综合指标，从而减少冗余信息，提高数据的解释能力。例如，在医药卫生领域的指标筛选中，可以使用主成分分析法将多个相关的生化指标转换为几个综合指标，从而更好地刻画生物体的生化代谢状态(袁航，刘梦璐等，2017)。这种方法通过降维，可以有效地提取出最重要的信息，提高模型的解释力。

(3) 因子分析法。

因子分析法可以将多个相关性较高的指标转换为几个潜在的因子，从而减少冗余信息，提高数据的解释能力。例如，通过比较因子载荷绝对值的大小，可将儿童发展的多个影响要素降维归纳为 3 个因子(Anthony 等，2007)。这种方法可以有效地识别出潜在的结构，简化数据的复杂性。

(4) LASSO 回归法。

LASSO 回归法可以通过对惩罚系数的设置，自动筛选出对目标变量贡献较大的指标。例如，机器学习特征选择使用 LASSO 回归法，从大量的特征中筛选出对分类或回归任务贡献较大的特征(付振康，柳炳祥等，2023)。这种方法可以有效地进行特征选择，提高模型的预测能力和准确性。

(5) 基于专家经验的筛选法。

专家经验是指具有某一领域经验和知识的专家根据自己的经验和直觉对指标进行筛选的方法。例如，在社会科学领域的指标筛选中，研究人员可以根据专家的领域知识和经验，结合研究对象的实际情况，选择合适的指标进行研究。这种方法可以充分利用专家的经验和知识，提高指标筛选的准确性和可靠性。

研究人员对指标的筛选，需要综合考虑指标的重要性、相关性、稳定性等因素，选择具有代表性、可解释性和稳定性的指标，从而提高研究的准确性和可解释性。这些方法的综合运用，可以有效地提高指标的质量，为研究提供更有力的支持。

2.2 不同数据类型的指标量化方法

指标量化涉及将不易直接观测的指标转化为可操作的形式。这一过程有助于研究人员更深入地理解和分析数据，为后续研究奠定坚实基础。鉴于不同变量类型在定义距离和相似系数方面存在显著差异，选择合适的工具和技术来分析数据至关重要。这些工具和技术的选择应基于数据的特征和类型。原始数据通常需要经过处理才能适应分析需求(连芷萱，兰月新等，2018)。本节从选定的研究方法视角出发，探讨社会科学领域中常见数据类型的量化策略。

2.2.1 调查问卷数据

调查问卷是社会科学研究中常用的数据收集工具，而如何量化收集到的数据也是众多学者的研究重点。从数据分析的视角出发，研究初期，在设计调查问卷时，建议多采用量表题型问题，减少主观开放性问题的设置(贾振霞，2019)。在收集到有效的问卷并完成初步检验后，接下来的步骤是将数据进行量化处理，以便于后续分析。以下是几种常见的问卷数据量化方法。

(1) 编码法：通过将数值与特定的整数进行对应映射，将受访者的回答转换为离散的数值。例如，1代表"非常不同意"，2代表"不同意"，3代表"中立"，4代表"同意"，5代表"非常同意"。编码法通常适用于将多项选择题或多个选项的回答进行量化处理。

(2) 连续刻度法：利用连续的刻度来表示受访者的观点或评价。例如，采用0~10的刻度，受访者可以在该刻度上标记一个具体的数值，以反映他们的观点或评价。这种方法适用于对连续变量进行量化，如对满意度、喜好程度等进行评估。

(3) 百分比得分法：要求受访者根据自己的观点或偏好，提供一个百分比得分，以表示某个项目或属性的相对重要性。受访者可以为不同的选项分配权重，以反映他们对每个选项的重视程度。例如，受访者可以给某个选项分配50%的权重，表明该选项在其考虑中占有重要地位。

(4) 频率计数法：用于测量某个事件或行为发生的频率。受访者需要估计或报告某个活动发生的次数或频率。这些次数或频率可以用具体的整数值来表示，如每周一次、每月两次等。

(5) 比例评定法：要求受访者根据比例来评定某个项目或属性的程度。例如，使用0%~100%来表示受访者对某个问题的态度或评价。受访者可以根据比例来表达他们的倾向或意见。

以下以一份关于饮食习惯的调查问卷为例，介绍这些量化方法的实际操作。

【例2.1】假设您正在进行一项关于饮食习惯的调查：
【填空】您的年龄(周岁)？
【单选】您的学历？(回答：初中及以下、高中、大专、本科及以上)
【单选】您一周多少天吃蔬菜或水果？(回答：1~2天、3~4天、5~6天、每天)
【单选】您一周吃多少次快餐？(回答：从不、1~2次、3~4次、5次及以上)
【多选】您会选择哪种类型的食物？(回答：糖分高的食物、糖分低的食物、高脂肪的食物、低脂肪的食物、高纤维的食物、蛋白质丰富的食物等)

其中，受访者的年龄为数值变量，学历为分类变量或顺序变量，食物偏好为多项式变量，可通过编码的方式将数值一一映射至具体整数值，例如：

① 初中及以下=1，高中=2，大专=3，本科及以上=4；
② 1～2 次=1，3～4 次=2，5～6 天=3，每天=4；
③ 从不=1，1～2 次=2，3～4 次=3，5 次及以上=4；
④ 糖分高的食物=1，糖分低的食物=2，高脂肪的食物=3，低脂肪的食物=4，高纤维的食物=5，蛋白质丰富的食物=6。

量化后的问卷数据示例如表 2.1 所示。

表 2.1　问卷数据示例(量化后)

ID	T1	T2	T3	T4	T5_1	T5_2
569	47	4	2	4	1	3
577	35	3	3	4	2	5
546	16	4	3	1	1	2
537	45	2	2	2	1	6

在进行调查时，若受访者选择了多个选项，可以将这些选项的数字值累加起来。通过这种方式量化后的数据可以用来计算平均值、标准差、相关系数等统计指标，进而深入分析受访者饮食习惯的特征和趋势。

总的来说，针对不同种类的调查问卷数据，必须采取相应的量化策略。通过确立统一的编码体系，可以保证对不同受访者的回答进行一致性的量化处理，从而增强数据的比较性。在实际操作过程中，统计软件如 SPSS、R 等可以用来辅助完成问卷数据的量化和分析工作。

2.2.2　实验仿真数据

实验仿真数据的量化主要针对非结构化数据的仿真结果处理，通过样本变量的匹配方法对实验结果进行预处理。例如，在经济系统模拟仿真、物流仿真等领域，目标是剔除早期失效数据，减少物理试验次数。为了实现这一目标，必须对试验数据进行标定，以训练仿真模型，从而提高仿真的精确度。

以经济系统实验仿真数据量化为例，这类数据是通过计算机模拟经济系统运行过程获得的。经济系统实验仿真是一种结合计算机技术和数学方法的经济学研究手段，通过构建适当的经济系统模型来研究经济系统的行为和发展，揭示其内在规律、行为模式和发展趋势(曲国华等，2016)，为经济决策和政策制定提供科学依据。模型建立后，研究人员通过仿真对经济系统进行模拟和实验，获取各种指标和变量的数值,并进行深入的数据分析和研究。

经济系统实验仿真后得到的数据通常包含仿真过程中各种变量的取值、系统的状态、仿真结果等信息。常用的量化方法包括数值化方法、分类化方法、归一化方法等。

(1) 数值化方法:将经济系统中的各项指标用数字表示,并采用统计学中的平均数、标准差等指标。这种方法主要适用于对数值型数据的处理。

(2) 分类化方法:将经济系统中的各项指标依据特定规则划分为若干类别,如根据收入水平、企业规模等进行分类。该方法主要适用于对离散型数据的处理。

(3) 归一化方法:将不同指标的数据转换为统一的比例范围,如将指标数值按比例缩放到[0,1]区间。这种方法适用于需要比较具有不同量纲指标的数据处理。

【例 2.2】假设关于某个国家某年 GDP 的经济仿真数据如表 2.2 所示。

表 2.2 某个国家某年 GDP 的经济仿真数据

行业	GDP
农业	200 亿元
工业	1 200 亿元
服务业	3 000 亿元
合计	4 400 亿元
年增长率	6.5%

采用归一化方法对数据进行处理:归一化 GDP 数据使得所有结果映射在[0,1]区间。例如,采用最小—最大归一化方法将 GDP 数据归一化,结果如表 2.3 所示。

表 2.3 某个国家某年 GDP 的经济仿真数据(归一化后)

行业	GDP
农业	0.045 亿元
工业	0.273 亿元
服务业	0.682 亿元
合计	1.000 亿元

年增长率	0.065%

采用归一化方法对 GDP 数据进行处理，能够消除量纲，使得各个行业的数据具有可比性，便于进一步分析。

2.2.3 文本类型数据

文本类型数据是指以文本形式呈现的数据。这些数据涵盖了文字、数字、符号等多种元素。文本类型数据通常具有以下特点：不规则性、高维度、大量、多样化以及非结构化。在现实生活中，文本类型数据广泛存在于各种如社交媒体、新闻报道、用户评论、电子邮件、书籍、学术论文以及其他形式的文档中。

文本类型数据的处理方式多种多样，包括但不限于文本分类、情感分析、实体识别、文本摘要、文本生成等。其中，文本分类是文本数据处理中较为常见的任务之一。其主要目的是将文本按照一定的标准划分到不同的类别中，以便于后续的分析和处理。文本分类包括基于规则的分类、基于统计学的分类和基于机器学习的分类等。基于规则的分类依赖于预定义的规则，而基于统计学的分类则利用统计方法来识别文本中的模式。基于机器学习的分类则通过训练模型来自动识别文本中的模式，常见的算法包括朴素贝叶斯、支持向量机(Support Vector Machine，SVM)、随机森林等。

文本数据的常用量化方式有以下几种。

(1) 词频统计：这是一种简单而直接的量化方法，对文本中每个词的出现次数进行计数，并将其转换为一个向量。这个向量可以被用作特征向量，用于文本分类、情感分析等任务。词频统计方法的优点在于简单易懂，缺点在于无法区分词语的重要性，并且容易受到停用词的影响。

(2) TF-IDF：这是一种用于评估词语在文本中重要程度的方法。其计算方式是将某个词语的重要性定义为它在文档中出现的频率与在语料库中出现的频率的乘积。TF-IDF 值越高，表示词语在文档中的重要性越大。TF-IDF 方法能够有效地过滤掉常见的停用词，从而突出文本中的关键信息。

(3) LSA：该方法常用于文本降维，通过对文本矩阵进行奇异值分解(Singular Value Decomposition，SVD)，将文本的维度降低，从而提高文本处理的效率。LSA 方法能够捕捉词语之间的隐含语义关系，从而提高文本分类和检索的准确性。

(4) Word2vec：这种方法常用于将词语映射到向量空间。该方法可将文本中的词语转换成稠密的向量表示，并使相似的词语在向量空间中距离更近。Word2vec通过学习词语的上下文关系，能够捕捉词语的语义信息，从而提高文本分析的准确性。

(5) 词袋模型(Bag-of-Words Model)：该方法将文本量化为数值特征。其原理是将文本看作是一个由单词组成的集合，不考虑词语出现的顺序和句法结构，仅关注于文本中词语出现的频率实现量化。词袋模型的优点在于简单易懂，缺点在于无法捕捉词语之间的顺序关系和语义信息。

通过这些量化方法，研究人员可以将文本数据转换为计算机可以处理的形式，从而进行各种文本分析和处理。

【例2.3】假设有以下两个文本：

文本1：This is a sample sentence.

文本2：This is another example sentence.

词袋模型将这两个文本转化为以下两个向量，如表2.4所示。

表2.4 量化后文本数据

文本	This	is	a	sample	sentence	another	example
文本1向量	1	1	1	1	1	0	0
文本2向量	1	1	0	1	1	1	1

向量中每个元素的顺序与原文中单词的顺序无关，只与单词出现的次数有关。

2.2.4 网络类型数据

网络类型数据指的是在网络架构中描绘个体(如人、物品、地点)间关系的数据。在这些数据中，个体被抽象为节点，节点之间的关系则被抽象为边。这类数据通常包含众多节点与边，而节点与边的连接模式可通过多种图来展现，包括但不限于有向图、无向图、加权图等。网络类型数据在社交网络、物流、生物学、交通等多个领域中有着广泛的应用(吴博等，2022)。通过量化分析网络类型数据，研究人员能够揭示其结构与特征，进而深入研究和预测网络的性质与行为。处理网络类型数据能够帮助研究人员更直观地获取其隐藏的信息。以下是对网络类型数据常用量化方法的详细说明。

(1) 社会网络分析法：源自社会学的社会网络分析法将网络中的个体视为节

点,个体间的关系视为边,将复杂的社会关系转化为网络形式,并分析网络中节点与边的特性,以揭示网络的结构与功能(吴慧和顾晓敏,2017)。通过网络规模、网络密度、网络聚集系数和平均路径长度等指标来解读网络整体结构特征(李海林等,2023;周文浩和李海林,2023),并使用度中心性、接近中心性、介数中心性等测量网络中心性,从不同角度评估节点的相对重要性(闫玲玲等,2016)。

(2) 基于图卷积神经网络的网络嵌入方法:将网络中的节点嵌入低维向量空间,同时保留节点间的关系,便于执行网络的聚类、分类和预测等任务(孙水发等,2023)。该方法能有效捕捉网络中的局部与全局特征,提升网络分析的准确性。

(3) 非负矩阵分解方法:将网络表示为非负矩阵,并通过矩阵分解来揭示网络的结构特征和节点的向量表示(陈广福和王海波,2021)。此方法能有效提取网络中的隐含特征,从而揭示网络的内在结构。

(4) 随机游走方法:通过模拟节点间的随机跳转,获得节点的转移概率矩阵,并据此推导出节点的向量表示(刘扬等,2022)。该方法能有效捕捉网络中的动态特征,提高网络分析的实时性。

(5) 基于深度学习的动态网络分析方法:通过构建动态网络模型,将网络视为时序数据,并利用神经网络模型提取网络的时间与空间特征,进行建模与预测(郭嘉琰,2020)。此方法能有效捕捉网络中的动态变化,增强网络分析的预测能力。

【例 2.4】以社会网络数据为例,假设有如图 2.1 所示两个关系网络:

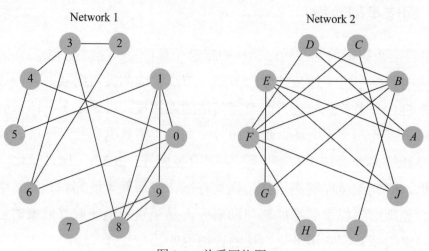

图 2.1 关系网络图

运用社会网络分析法可以计算节点的度、聚集系数、介数中心性等网络指标。这些指标可以帮助理解社交网络的拓扑结构和节点之间的关系，部分计算结果如表 2.5 所示。

表 2.5　社会网络分析指标部分计算结果

节点	度	聚集系数	介数中心性	所属网络
0	4	0.17	0.18	Network1
1	4	0.33	0.18	Network1
A	2	0.00	0.01	Network2
B	5	0.20	0.30	Network2

在表 2.5 中，可以看到每个节点的度、聚集系数和介数中心性的具体值。例如，对于 Network 1 中的节点 0，它的度为 4，表示节点 0 与网络中的 4 个节点相连；聚集系数为 0.17(最大值为 1)，表示节点 0 与其邻居之间存在相对较低的连接，社交聚集性较弱；介数中心性为 0.18(最大值为 0.3)，表示节点 0 在网络中充当了较为重要的信息传递桥梁。

这些指标提供了对网络结构的详细度量，使研究人员能够深入了解各个节点之间的连接程度、聚集性以及节点在网络中的重要性。通过对这些指标值的比较，研究人员可以洞察不同网络和节点之间的拓扑结构和关系，从而进一步分析网络的特征和功能。这些指标包括但不限于节点的度数、介数中心性、接近中心性、聚集系数。它们能够帮助研究人员识别网络中的关键节点、核心区域以及潜在的社区结构。通过这些分析，研究人员可以更好地理解网络的动态行为，预测其发展趋势，并为网络优化和决策提供科学依据。

2.2.5　复合类型数据

复合类型数据指的是一个数据集中同时包含了多种不同种类的数据元素。这种数据类型在现实世界中极为普遍，如在医学领域，研究人员可能会同时处理患者的病历信息、实验室检测结果以及影像数据等多种类型的数据。在金融领域，投资者的交易记录、市场分析报告和宏观经济指标等数据也属于复合类型数据。同样，在社会科学领域，研究人员可能会收集到问卷调查数据、人口统计数据以及行为观察记录等多种类型的数据。

由于复合类型数据包含了多种不同类型的数据，因此在对其进行量化和分析时,需要特别注意不同类型数据之间的差异性和各自的特点。例如,对数值型数据和分类数据,在统计分析中的处理方法是不同的。数值型数据通常可以进行加减乘除等数学运算,而分类数据则需要采用频率分布、交叉表等方法进行分析。因此,在选择统计模型和数据处理方法时,研究人员需要根据数据的具体类型和特点进行合理选择,以确保数据分析的准确性和可靠性。

为了有效地处理和分析复合类型数据,研究人员和数据分析师通常会采用多种数据处理技术,如数据清洗、数据标准化、数据转换等。数据清洗的目的是去除数据中的噪声和异常值,确保数据的质量。数据标准化则是将不同类型的数据转换到统一的量纲和尺度上,以便进行比较和分析。数据转换则包括对数据进行编码、离散化等操作,以适应特定的统计模型和分析方法。

总之,复合类型数据的量化和分析是一个复杂的过程,研究人员需要综合考虑不同类型数据的特点和差异性,选择合适的统计模型和数据处理方法,以确保数据分析的科学性和准确性。通过对复合类型数据的合理处理和分析,研究人员可以从中提取有价值的信息,为决策提供有力的支持。

【例 2.5】研究近 5 年机器学习领域文献引用关系,文献引用数据集包括文献基金、关键词、被引用次数等不同数据类型的字段,如表 2.6 所示。

表 2.6 文献基本信息及引用关系部分数据

序号	发布时间	文献基金	关键词	被引用次数	被引用文献
0	20200910	教育部科研项目	机器学习,网络分析	17	—
1	20210611	中国科技部	机器学习,网络分析,社会科学	14	0
2	20171211	国家重点研发计划	机器学习,社会科学	17	0,1
3	2022125	教育部科研项目	机器学习,创新管理,社会科学	12	—
4	20180105	国家自然科学基金	机器学习,社会科学,创新管理	18	1,2,3
5	20171212	国家自然科学基金	机器学习,网络分析,创新管理	11	0,1,2,3,4
6	20220607	教育部科研项目	机器学习,数据分析,社会科学	19	0,1,2,3,4,5

假设现需用该数据集分析领域文献基本信息,并找出高被引用文献。由于关键词及所挂基金无序,故可采用编码的形式进行初步量化,结果如表 2.7 所示。

(1)"国家重点研发计划"= 1,"国家自然科学基金"= 2,"教育部科研项目"= 3,"中国科技部"= 4。

(2) "机器学习" = 1，"数据分析" = 2，"创新管理" = 3，"网络分析" = 4。

表 2.7　文献基本信息及引用关系部分数据(已量化)

序号	发布时间	文献基金	关键词	被引用次数	被引用文献
0	2020-9-10	3	1,4	0	—
1	2021-6-11	4	1,4,5	1	0
2	2017-12-11	1	1,5	2	0,1
3	2022-12-5	3	1,3,5	0	—
4	2018-1-5	2	1,3,5	3	1,2,3
5	2017-12-12	2	1,3,4	5	0,1,2,3,4
6	2022-6-7	3	1,2,5	6	0,1,2,3,4,5

文献引用网络如图 2.2 所示。

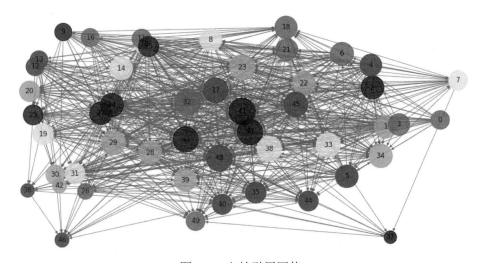

图 2.2　文献引用网络

图 2.2 中，每个节点圆圈大小取决于被引用次数，圆圈越大说明被引用次数越多，相同颜色的节点表示来自同一基金。从图中可以看出，48 号文献被引用次数最多，为最高被引用文献，文献基金为国家自然科学基金。

2.3　案例研究

本节通过波士顿(Boston)房价数据集和 IBM HR Analytics 数据集两个代表性

数据集介绍指标量化的实际应用过程，并揭示指标选取的依据。在 Boston 房价数据集中，研究人员从房屋结构、社区特征、便利设施以及空气质量 4 个维度来识别可能影响房价的关键因素。在 IBM HR Analytics 数据集中，数据类型较为复杂，本书仅介绍如何对布尔和字符串型数据进行量化处理。通过这两个不同类型的数据集案例，本书试图说明在实际研究中如何灵活运用各种指标量化方法，为后续的聚类分析、决策树分析和贝叶斯网络分析奠定基础。

2.3.1 案例背景

为了使读者更深入地理解如何开展复杂因素影响机制的研究，本书通过具体房屋价格影响因素案例，详细阐述具体的操作步骤。房价与居民日常生活紧密相连，其波动受到众多因素的共同作用，因此必须进行细致的分析，以揭示房价变动的成因及其作用机制。这不仅有助于研究人员更深刻地理解房价的动态变化，还能为房地产市场的管理与决策提供指导。

影响房价的因素众多，主要包括房屋的面积、地理位置、交通状况、社区设施、安全性以及噪声水平等。目前，关于房价影响因素的研究多从宏观角度出发，如供求关系(黄映红和陈瑞，2018)、产业结构变化(周建军等，2020)、土地财政(范建双等，2021)等。这些研究为政府调控和开发商提供了宝贵的参考。然而，从微观视角出发的研究相对较少，使得对于实际购房者而言，无法有效得到具体的实践指导。为了应对这一问题，本文从微观角度切入，探讨房屋结构、地理位置等购房者在决策时考虑的具体因素对房价的影响。

在现有的微观视角房价影响因素研究中，王佳(2018)结合区位理论和地租理论，从区位因素、邻近因素和个别因素三个方面选取影响因素，研究房价微观影响因素的空间差异性。本文在此基础上进一步深入，通过对购房者在决策过程中考虑的具体因素进行细致分析，从微观角度揭示房价影响因素及其作用机制。

通常情况下，在选择房屋时，不同的购房群体可能会考虑不同的因素。首先，房屋的地理位置是购房者首要考虑的因素。交通便利且靠近优质教育资源的房屋往往价格较高，因为这意味着便捷的生活条件和更优质的教育资源。其次，房屋的环境也是购房决策中必须考虑的因素，包括房屋周围的自然景观、空气质量、噪声水平等。研究表明，购房者更倾向于环境优美、空气清新、噪声较低的住宅区，靠近公园或自然保护区的房屋通常更受欢迎，因为它们提供了宜人的居住环境和休闲空间(贝壳研究院，2022)。最后，购房者还会关注社区设施的质量与多样性、安全性等因素。购房者更倾向于选择配套设施完善、社区环境良好、治安状况较好的社区，这些能提升其居住的品质和安全感。这些因素均对房价产生正面影响。

在现有的房价影响微观因素研究中，最为经典的是 Harrison 和 Rubinfeld 在 1978 年对房价与空气质量之间关系的研究(Harrison and Rubinfeld，1978)。他们所使用的数据集——Boston 房价数据集，已成为机器学习领域中的经典数据集之一，广泛应用于预测、特征工程等领域的研究。考虑到数据的可获取性和研究结果的可复现性，本文选择使用开源的 Boston 房价数据集作为样例，介绍指标选取的方法。该数据集包含丰富的特征变量，涵盖了结构、社区、便利性和空气质量等多个方面，能够全面反映影响房价的客观因素，同时也便于其他研究人员验证和扩展研究成果。

2.3.2 指标选择

深入分析相关文献后，本文从 4 个维度——房屋结构、社区特征、便利设施及和空气质量来识别可能影响房价的关键因素。

首先，房屋结构的完整性和房屋的空间宽敞度对居住体验有着显著影响。为了评估这两个方面，本文选取了房龄(AGE)和每个住宅的平均房间数(RM)作为衡量房屋结构的完整性和房屋的空间宽敞度的指标。鉴于缺乏详尽的房屋建造年份数据，本文采用 1940 年之前建成的自住房屋比例来间接反映房屋的结构质量。

在便利设施方面，本文考虑了到波士顿 5 个就业中心的加权距离(DIS)及城镇距离高速公路的便利指数(RAD)，以此来衡量就业可达性和交通便利性对房价的潜在影响。至于空气质量，本文通过 NO_x 指标来评估房屋所在区域的生态环境质量。

在社区因素方面，现有研究通常关注社区居民和居住环境。尽管有研究指出黑人比例(B)可能在一定程度上影响房价，但鉴于该指标可能涉及种族歧视问题，本文不采用这一指标。相反，本文选择低收入人群比例(LSTAT)来反映社会经济地位对房价的影响，选择该城镇的人均犯罪率(CRIM)来体现社区安全程度的影响，以及城镇的师生比例(PTRATIO)来反映当地教育水平的影响。此外，占地面积超过 25 000 平方英尺(1 平方英尺=0.0929 平方米)的住宅用地比例(ZN)可以作为衡量社区环境和居民社会阶层的指标。城镇非零售商业用地比例

(INDUS)反映了工业活动可能带来的环境污染问题,而每 10 000 美元的全值财产税率(TAX)则可以衡量早期公共服务的成本。最后,是否近湖(CHAS)这一指标揭示了靠近水域位置的潜在便利性。

表 2.8 详细列出了影响房屋中值价格(MEDV)的各个指标及其选择理由。

表 2.8 房价影响因素研究指标介绍

维度	指标名称	描述	指标选取原因
房价	MEDV	地区房屋价格的中位数(以千美元为单位)	管理决策问题的目标变量
房屋结构	RM	每个住宅的平均房间数	用于衡量房间宽敞程度
	AGE	1940 年之前建成的自住房屋比例	单位房屋年龄通常与房屋结构质量相关
社区特征	LSTAT	低收入人群比例(按千分比计算)	用于区别社会经济地位
	CRIM	该城镇的人均犯罪率	CRIM 衡量的是波士顿城市地区各社区家庭对威胁的感知(假设犯罪率通常与人们对危险的感知成正比)。它对住房价值产生负面影响
	ZN	城镇占地面积超过 25 000 平方英尺的住宅用地比例	分区限制了小面积房屋的建设,并且能够代表一个社区的排他性、社会阶层和户外设施
	INDUS	城镇非零售商业用地比例	INDUS 代表了与工业相关的外部因素如噪声、繁忙的交通和令人不快的视觉等
	TAX	每 10 000 美元的全值财产税率	衡量早期公共服务的成本
	PTRATIO	城镇的师生比例	衡量每个镇的公共部门效益
	CHAS	是否近湖(1 表示靠近;0 表示不靠近)	反映了靠近水域位置的便利性
便利设施	DIS	到波士顿 5 个就业中心的加权距离	根据传统的城市地租梯度理论,就业中心附近的住房价值应该更高
	RAD	城镇距离高速公路的便利指数	RAD 捕捉到除靠近工作场所外的其他各种区位优势
空气质量	NO_x	氮氧化物浓度(每千万分之一)	衡量房屋的生态环境

通过综合分析这些指标，我们能够更全面地理解各种因素对房屋中位数的影响。本文选定的指标能够从多个角度揭示影响房价的客观因素，为房地产市场的参与者以及政策制定者提供参考。

2.3.3 指标量化

鉴于 Boston 房价数据集仅包含数值型数据，本节将通过分析企业员工离职原因来展示如何量化复合类型数据。本节以 Kaggle 上的 IBM HR Analytics 员工流失和绩效数据集作为案例进行说明(访问链接：https://www.kaggle.com/datasets/pavansubhasht/ibm-hr- analytics-attrition-dataset)。Kaggle 是一个专为数据科学家和机器学习爱好者设计的在线社区和平台，提供了大量数据集供用户下载。按前文所述方法，在数据区下载得到一个名为 archive 的压缩包后，解压即可获得一个名为 WA_Fn-UseC_HR-Employee-Attrition 的 csv 文件。IBM HR Analytics 员工流失和出差情况数据集包含了 1470 个样本和 35 个特征指标。其中，26 个特征指标的数据类型为整数，6 个为字符串类型，另外 3 个为布尔值。这些指标涵盖了员工的个人信息(如性别、年龄、婚姻状况等)、工作相关信息(如部门、工龄、工资等)、员工的离职情况以及绩效评估等。这些指标从员工个人信息、工作情况到离职和出差情况等多个维度，为分析员工流失与出差情况之间的关系提供了丰富的数据。通过这些数据，企业能够深入理解员工离职的原因，并采取相应措施以提高员工满意度和降低流失率。IBM HR Analysis 员工流失和出差情况数据集因此成为进行员工流失分析的权威数据集之一。该数据集中部分指标的详细信息如表 2.9 所示。

表 2.9 IBM HR Analysis 员工流失和出差情况数据集

指标	描述	数据类型
年龄	员工的年龄	整数
是否离职	员工是否已经离职，取值为"Yes"或"No"	布尔
出差频率	员工出差频率，包括三种取值："Travel_Rarely"(很少出差)、"Travel_Frequently"(经常出差)和 "Non_Travel"(不出差)	字符串

为了便于理解本节所介绍的指标选择与量化过程，选择整数类型的 3 个指标、字符串类型的 3 个指标和布尔类型的 3 个指标作为量化的输入，如表 2.10 所示。

表 2.10 复合类型数据量化指标选用介绍(量化前)

年龄(岁)	每天工资(美元)	员工出差频率	婚姻状况	是否加班	是否离职
41	1102	Travel_Rarely	Single	Yes	Yes
49	279	Travel_Frequently	Married	No	No
37	1373	Travel_Rarely	Single	Yes	Yes
33	1392	Travel_Frequently	Married	Yes	No
27	591	Travel_Rarely	Married	No	No
32	1005	Travel_Frequently	Single	No	No

数值型数据通常不需要进行显式的量化处理，因为它们本质上已经是具体的数值。这些数据直接反映了某种度量或计量，允许直接进行计算和分析。

对于字符串类型的数据，如出差频率和婚姻状况，可以通过编码将它们一一映射到具体的整数值。例如，对于出差频率，可以将"Travel_Rarely"映射为 0，"Travel_Frequently"映射为 1，"Non_Travel"映射为 2。婚姻状况也可以采用类似的映射方法。

对于布尔类型的数据，如是否加班或是否离职，可以用 1 来表示"是"，用 0 来表示"否"。经过这样量化处理后的指标如表 2.11 所示。通过这些量化步骤，我们可以将复合型数据转换为数值型数据，从而便于进行后续的分析工作。

表 2.11 复合类型数据量化指标选用介绍(量化后)

年龄(岁)	每天工资(美元)	员工出差频率	婚姻状况	是否加班	是否离职
41	1102	0	0	1	1
49	279	1	1	0	0
37	1373	0	0	1	1
33	1392	1	1	1	0
27	591	0	1	0	0
32	1005	1	0	0	0

参考文献

[1] 陈广福，王海波，2021. 基于聚类信息和对称非负矩阵分解的链路预测模型研究[J]. 计算机应用研究，38(12)：3733-3738.

[2] 陈洪海，迟国泰，2016. 基于主要信息含量的指标筛选方法[J]. 系统工程学报，31(02)：268-273.

[3] 崔彤彤，崔荣一，2018. 基于潜在语义分析的文本指纹提取方法[J]. 中文信息学报，32(05)：74-79.

[4] 范建双，周琳，虞晓芬，2021. 土地财政和土地市场发育对城市房价的影响[J]. 地理科学，41(05)：863-871.

[5] 付振康，柳炳祥，鄢春根，等，2023. 专利寿命视角下潜在高价值专利识别方法研究[J]. 情报杂志，42(05)：154-161+207.

[6] 郭嘉琰，李荣华，张岩，等，2020. 基于图神经网络的动态网络异常检测算法[J]. 软件学报，31(03)：748-762.

[7] 黄春梅，王松磊，2020. 基于词袋模型和 TF-IDF 的短文本分类研究[J]. 软件工程，23(03)：1-3.

[8] 黄映红，陈瑞，2018. 住房价格、供求关系与区域差异——基于省级面板数据的实证研究[J]. 管理现代化，38(06)：83-85.

[9] 贾振霞，2019. 大学英语混合式教学中的有效教学行为研究[D]. 上海：上海外国语大学.

[10] 蒋洁，陈芳，何亮亮，2014. 大数据预测的伦理困境与出路[J]. 图书与情报，159(05)：61-64+124.

[11] 李海林，廖杨月，李军伟，等，2022. 高校杰出学者知识创新绩效的影响因素研究[J]. 科研管理，43(03)：63-71.

[12] 李海林，龙芳菊，林春培，2023. 网络整体结构与合作强度对创新绩效的影响[J]. 科学学研究，41(01)：168-180.

[13] 连芷萱，兰月新，夏一雪，等，2018. 面向大数据的网络舆情多维动态分类与预测模型研究[J]. 情报杂志，37(05)：123-133+140.

[14] 刘扬，郑文萍，张川，等，2022. 一种基于局部随机游走的标签传播算法[J]. 计算机科学，49(10)：103-110.

[15] 陆旸，2009. 环境规制影响了污染密集型商品的贸易比较优势吗？[J]. 经济研究，44(04)：28-40.

[16] 吕璐成，韩涛，周健，等，2020. 基于深度学习的中文专利自动分类方法研究[J]. 图书情报工作，64(10)：75-85.

[17] 曲国华，张振华，徐岭，等，2016. 多Agent的复杂经济仿真系统构建策略[J]. 智能系统学报，11(02)：163-171.

[18] 孙水发，李小龙，李伟生，等，2023. 图神经网络应用于知识图谱推理的研究综述[J]. 计算机科学与探索，17(01)：27-52.

[19] 王佳，2018. 房价微观影响因素的空间差异性研究[J]. 住宅与房地产，519(33)：10-11.

[20] 吴博，梁循，张树森，等，2022. 图神经网络前沿进展与应用[J]. 计算机学报，45(01)：35-68.

[21] 吴慧，顾晓敏，2017. 产学研合作创新绩效的社会网络分析[J]. 科学学研究，35(10)：1578-1586.

[22] 闫玲玲，陈增强，张青，2016. 基于度和聚类系数的中国航空网络重要性节点分析[J]. 智能系统学报，11(05)：586-593.

[23] 杨金勇，2018. 电子商务产业集群生态化系统结构分析[J]. 商业经济研究，748(09)：85-87.

[24] 袁航，刘梦璐，刘景景，2017. 基于健康营养调查(CHNS)对地理禀赋贫困陷阱的实证分析，经济地理，37(06)：45-51.

[25] 张倩，冷婧，2016. 环境规制下技术创新驱动的生态补偿研究——以黑龙江省为例[J]. 煤炭经济研究，36(10)：62-68.

[26] 周建军，罗嘉昊，鞠方，等，2020. 产业结构变迁对房地产价格的影响研究，科学决策，278(09)：21-47.

[27] 周文浩，李海林，2023. 合作网络异质性特征与企业创新绩效的关系[J]. 系统管理学报，32(02)：367-378.

[28] 周源，刘怀兰，杜朋朋，等，2017. 基于改进TF-IDF特征提取的文本分类模型研究[J]. 情报科学，35(05)：111-118.

[29] ANTHONY JL，ASEL P，WILLIAMS JP，2007. Exploratory and confirmatory factor analyses of the DIAL-3: What does this 'developmental

screener' really measure?[J]. Journal of School Psychology，45(04): 423-438.

[30] FREEMAN L，1977. A set of measures of centrality based on betweenness[J]. Sociometry，40(01): 35-41.

[31] HAIR J F，BLACK W C，BABIN，B J et al., 2010. Multivariate data analysis: A global perspective[M]. London: Pearson Education.

[32] HARRISON Jr D，RUBINFELD D L，1978. Hedonic housing prices and the demand for clean air[J]. Journal of Environmental Economics and Management，5(01): 81-102.

[33] SCHNARE，1973. An empirical analysis of the dimensions of neighborhood[D]. Cambridge: Harvard University.

第3章 数据采集与预处理

数据采集和预处理的基本步骤分为数据收集、描述性统计和相关性分析、基本特征变量选取、数据校准处理和数据预处理前后结果对比5个阶段。本章以 Boston 房价(也称波士顿房价)数据为例,详细介绍数据采集与预处理的流程。在收集完成数据后,本文进行描述性统计和相关性分析,筛去相关性较强的特征,以提高模型的效率。在数据校准处理部分,本文重点介绍云校准数据处理的流程,引入均值、熵值和超熵的概念,并构建云发生器对数据进行校准。最后,本文通过对比数据预处理前后的结果,展示数据校准处理后的效果,验证预处理步骤的有效性,为评估数据预处理效果提供参考。

3.1 问题描述

随着人类社会信息化程度的不断提升,分析现实系统时所涉及的数据和信息量呈指数级增长。传统的手工统计和数据录入方法已不再适应这一趋势。然而,依赖大数据技术获取的原始数据,若缺乏有效的人工核查,可能会导致数据信息失真。这些失真通常源于数据收集方法、录入错误、测量误差以及自然变异等因素(KIRCHNER, 2016)。因此,对于系统内部分布不均的异常数据,特别是连续型变量,必须先进行清洗和分布校准,以确保它们能准确用于系统因素分析，否则可能导致研究结论的偏差。此外，异常数据的检测和校准是数据预处理的关键步骤。在研究复杂因素影响机制时，数据质量是结论可靠性的核心保证，直接影响数据挖掘算法的输出质量，因此在数据分析前必须进行校准(MALIK, 2010)。

以一个实际例子说明，"北京今天气温是24℃"中的气温数据为24，但仅凭这个数字无法判断天气的炎热程度。只有将北京的气温与其他城市进行对比和校准，才能赋予其内在的系统价值。如果当天全国平均气温也是24℃，那么北京的气温就具有代表性，反映了全国的平均水平。

异常数据通常以缺失值、极端值的形式呈现，给研究带来信息干扰。采用传统统计分析方法处理异常值时，往往通过观察数据分布特征来识别标准偏差较大的数据，并通过设定阈值来剔除这些异常数据。其他处理方法包括归一化(PANDEY, 2017)、标准化(SINGH, 2020)、函数变换(Yu, 2017)等。这些方法通过压缩数据区间或替换异常值来保持数据的等维性，或者使用模型来识别标准数据(郭金海等，2016；周冰洁等，2023)。然而，这些方法忽略了大数据背景下数据的整体性和一致性特征，仅能实现对单个变量统计分布层面的异常识别。采用DAC，是因为多维变量在空间中的聚集也遵循一定的分布规律，而通过抽样得到的样本数据难以全面反映总体的分布情况。因此，如何对原始分布不均的数据进行校准，成为DAC深入分析变量间关系的重要前提。

基于以上逻辑，采用DAC进行数据采集与预处理可以分为以下五个基本步骤。

(1) 确定科学问题并收集研究数据。针对复杂因素影响机制的研究是本书的核心，因此需要收集与之相关的复杂因素变量。

(2) 进行描述性统计和相关性分析。作为统计分析的基础，这一步骤的目的是对研究问题中不利于解决的变量和数据进行初步清洗。

(3) 选择基本特征变量。根据特征选择原则，确定研究中的关键复杂因素变量，为后续的聚类分析、决策树分析和贝叶斯网络分析奠定基础。

(4) 进行数据校准与处理。针对系统中的异常数据和不规则样本进行校准和数据处理，将原始数据映射到一定数值范围内的隶属度函数值。

(5) 对比数据预处理前后的结果。

3.2 数据来源与采集

在探究复杂因素对问题的影响时，数据的采集方法对于研究的深度和广度具有决定性作用。

原始数据取自卡内基梅隆大学公开数据库，可通过 UCI 机器学习数据库下载：https://archive.ics.uci.edu/ml/machine-learning-databases/housing/。经过下载和整理，本文得到了一个名为"housing.csv"的 CSV 文件。

Boston 房价数据集包含了 506 个不同郊区的房屋信息。这些数据反映了 20 世纪 70 年代中期波士顿郊区的房价中位数。数据集统计了包括城镇人均犯罪率、每 10 000 美元全额物业税率等在内的 14 个指标，共计 506 个样本点，目的是揭示这些指标与房价之间的潜在联系。该数据集的字段特征概述如表 3.1 所示。

表 3.1 原始变量数据字段描述

序号	变量名称	数据类型	字段描述
1	CRIM	Float	城镇人均犯罪率
2	ZN	Float	住宅用地所占比例
3	INDUS	Float	城镇非住宅用地的比例
4	CHAS	Integer	是否靠近湖虚拟变量，若是取值为 1，否则取值为 0
5	NO_x	Float	氮氧化物污染物浓度(每 1 000 万份)
6	RM	Float	每个住宅的平均房间数
7	AGE	Float	在 1940 年之前建成的所有者占用单位的比例
8	DIS	Float	与五个波士顿就业中心的加权距离
9	RAD	Integer	辐射高速公路的可达性指数
10	TAX	Float	每 10 000 美元的全额物业税率
11	PTRATIO	Float	城镇的师生比例
12	B	Float	$B=1\ 000(Bk - 0.63)^2$，其中 Bk 表示所在镇非裔美籍人口所占比例
13	LSTAT	Float	低收入人群比例
14	PRICE	Float	以 1 000 美元计算的自有住房的中位数

3.3 特征选择

本节重点介绍如何利用 Python 进行 Boston 房价数据集的深入分析和特征筛选。首先，导入 Python 的 pandas 库进行描述性统计分析，计算各个变量的均值、标准差、最小值、最大值和四分位数等，以初步了解数据的分布特征和潜在异常值。其次，导入 Python 的 matplotlib 和 seaborn 库，绘制热力图并可视化各特征之间的相关系数矩阵，直观展示特征间的关系强度，以识别可能存在的多重共线性问题，进行特征筛选，提高模型性能和可解释性。

3.3.1 描述性统计

首先，对原始数据进行初步审视。在 PyCharm Community Edition 2021.1.2 x64 版本中导入常用的数据分析库，包括 Pandas、Numpy、Seaborn 和 Matplotlib。其次，从 UCI 机器学习库中将 Housing Dataset 导入 PyCharm 环境。接下来的分析和结果展示将完全通过代码来实现。以下是使用 Pandas 库输出前十行数据信息的结果(图 3.1)。具体的操作代码如下。

```
1    import pandas as pd    #导入数据处理工具包
2    data=pd.read_csv(r'D:\数据\housing.csv')    #导入数据
3    print(data.head(10))    #展示前十行结果
```

	CRIM	ZN	INDUS	CHAS	NO$_x$	RM	AGE	DIS	RAD	TAX	PRTATIO	B	LSTAT	PRICE
0	0.00632	18.0	2.31	0	0.538	6.575	65.2	4.0900	1	296.0	15.3	396.90	4.98	24.0
1	0.02731	0.0	7.07	0	0.469	6.421	78.9	4.9671	2	242.0	17.8	396.90	9.14	21.6
2	0.02729	0.0	7.07	0	0.469	7.185	61.1	4.9671	2	242.0	17.8	392.83	4.03	34.7
3	0.03237	0.0	2.18	0	0.458	6.998	45.8	6.0622	3	222.0	18.7	394.63	2.94	33.4
4	0.06905	0.0	2.18	0	0.458	7.147	54.2	6.0622	3	222.0	18.7	396.90	5.33	36.2
5	0.02985	0.0	2.18	0	0.458	6.430	58.7	6.0622	3	222.0	18.7	394.12	5.21	28.7
6	0.08829	12.5	7.87	0	0.524	6.012	66.6	5.5605	5	311.0	15.2	395.60	12.43	22.9
7	0.14455	12.5	7.87	0	0.524	6.172	96.1	5.9505	5	311.0	15.2	396.90	19.15	27.1
8	0.21124	12.5	7.87	0	0.524	5.631	100.0	6.0821	5	311.0	15.2	386.63	29.93	16.5
9	0.17004	12.5	7.87	0	0.524	6.004	85.9	6.5921	5	311.0	15.2	386.71	17.10	18.9

图 3.1 前十行数据信息

鉴于变量 B 包含有关非美国籍人口的信息，这些信息涉及肤色和地域等敏感问题，为了确保本研究的学术严谨性和遵循特征筛选的基本原则，从原始数据集中移除该变量。随后，本研究对剩余的 13 个变量进行了详尽的描述性统计分析，包括计算每个变量的平均值(Mean)、中位数(Median)、标准差(Std)、最大值(Max)以及 25%和 75%的分位数值等。具体结果如表 3.2 所示。

表 3.2 描述性统计结果

变量	Mean	Std	Min	25%	Median	75%	Max
CRIM	3.61	8.60	0.01	0.08	0.26	3.68	88.98
ZN	11.36	23.32	0.00	0.00	0.00	12.50	100.00
INDUS	11.14	6.86	0.46	5.19	9.69	18.10	27.74
CHAS	0.07	0.25	0.00	0.00	0.00	0.00	1.00
NO_x	0.55	0.12	0.39	0.45	0.54	0.62	0.87
RM	6.28	0.70	3.56	5.89	6.21	6.62	8.78
AGE	68.57	28.15	2.90	45.03	77.50	94.07	100.00
DIS	3.80	2.11	1.13	2.10	3.21	5.19	12.13
RAD	9.55	8.71	1.00	4.00	5.00	24.00	24.00
TAX	408.24	168.54	187.00	279.00	330.00	666.00	711.00
PTRATIO	18.46	2.16	12.60	17.40	19.05	20.20	22.00
LSTAT	12.65	7.14	1.73	6.95	11.36	16.96	37.97
PRICE	22.53	9.20	5.00	17.03	21.20	25.00	50.00

3.3.2 相关性分析

相关性分析的核心目标是评估变量之间的密切关联程度，并检验不同变量之间是否存在过于紧密的联系，以避免多重共线性的问题。通常情况下，两个变量之间的相关系数绝对值若低于 0.3，则可视为相关性较弱；若相关系数超过 0.8，则表明它们之间存在强烈的关联。通过计算这 13 个变量的皮尔森相关系数(范围在 0~1)，得到了如表 3.3 所示的结果。

表3.3 变量间的皮尔森相关系数结果

	1	2	3	4	5	6	7	8	9	10	11	13	14
1	1.00												
2	−0.20	1.00											
3	0.41	−0.53	1.00										
4	−0.06	−0.04	0.06	1.00									
5	0.42	−0.52	0.76	0.09	1.00								
6	−0.22	0.31	−0.39	0.09	−0.30	1.00							
7	0.35	−0.57	0.64	0.09	0.73	−0.24	1.00						
8	−0.38	0.66	−0.71	−0.10	−0.77	0.21	−0.75	1.00					
9	0.63	−0.31	0.60	−0.01	0.61	−0.21	0.46	−0.49	1.00				
10	0.58	−0.31	0.72	−0.04	0.67	−0.29	0.51	−0.53	0.91	1.00			
11	0.29	−0.39	0.38	−0.12	0.19	−0.36	0.26	−0.23	0.46	0.46	1.00		
13	0.46	−0.41	0.60	−0.05	0.59	−0.61	0.60	−0.50	0.49	0.54	0.37	1.00	
14	−0.39	0.36	−0.48	0.18	−0.43	0.70	−0.38	0.25	−0.38	−0.47	−0.51	−0.74	1.00

为了直观展示不同变量之间的相关性程度，本文使用Python编写了一个程序，生成了相关系数热力图(图3.2)。该图通过不同的渐变颜色来区分变量间相关性的正负方向：红色代表变量间存在正相关关系，黑色则表示变量间存在负相关关系。此外，颜色的深浅程度反映了变量间相关性的强度，颜色越深，相关性越高。

以下是具体的实现代码：

```python
#导入数据处理及绘图工具包
import pandas as pd
import seaborn as sns
import matplotlib.pyplot as plt
#导入数据
data=pd.read_csv(r'D:\数据\housing.csv')
#相关性分析结果
print(data.corr())
#热力图绘制
plt.figure(figsize=(10,10))    #设置画布
sns.heatmap(corr,annot=True,cmap='RdGy')
plt.show()
```

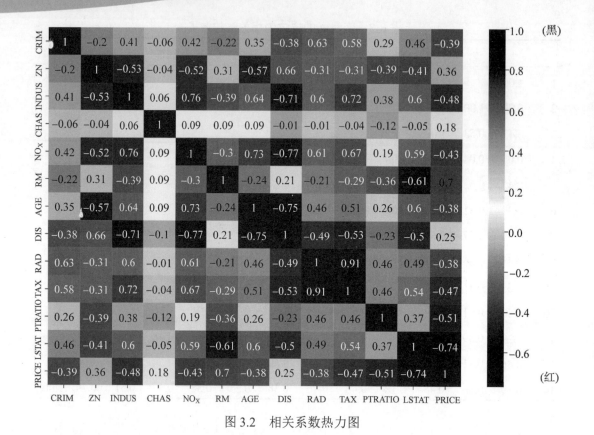

图 3.2 相关系数热力图

经过分析，可观察到大部分变量之间存在正相关关系。进一步地，相关系数绝对值最高的两个变量是 TAX(每 10 000 美元的金额物业税率)和 RAD(辐射高速公路的可达性指数)，相关系数达到了 0.91，远超 0.8 的阈值。相对地，RAD(辐射高速公路的可达性指数)与 CHAS(是否靠近湖)之间的相关系数最低，为 -0.01，显示出非常微弱的负相关性。基于描述性统计的分析结果，本研究从原始数据集中移除变量 TAX(每 10 000 美元的全额物业税率)和 CHAS(是否靠近湖)。

 数据校准

本书首先介绍正态云模型的基本概念和数学表达，引出期望(Ex)、熵(En)和超熵(He)3 个数字特征，用以描述概念的不确定性。其次，通过估算得出的 Ex、En 和 He 3 个参数，生成符合正态云分布的云滴，将数据映射到生成的云滴上，并实现数据校准。最后，通过具体的案例分析，展示对比校准前后数据，

突出云校准方法在提高数据质量和减少噪声方面的效果,不仅优化了数据结构,还为后续的复杂因素影响因素分析奠定了基础。云校准模型在处理具有不确定性和模糊性的复杂系统数据时,能够更好地捕捉数据的内在特征和不确定性,从而提高后续分析和建模的准确性和可靠性。

3.4.1 正态云模型

在客观世界的不确定性中,随机性和模糊性构成了人类认知的两个关键思维特征。李德毅院士基于随机数学和模糊数学的理论,提出了云模型,用以描绘事物在不确定推理及发展过程中的随机性和模糊性。该模型通过正态云模型将原始的不确定性现象转化为表达不确定性程度的隶属度函数。其以值域为[0, 1]的精确数值表示。相比之下,传统的隶属度函数往往仅将主观映射应用于0~1 的区间数,忽略了随机性和模糊性特征,仅实现了简单的数据跨度伸缩。DAC(数据隶属度校准)则充分考虑了每个变量在总体正态分布下的随机性和不确定性表示,通过隶属度函数校准的方式将数据映射到特定范围内,并且数据点越接近正态分布的两端,在隶属度结果上表现出越高的相似性。

在云模型中,任何一个随机变量 X_i 有 3 个数字特征 Ex、En 和 He,其各自的表述和计算公式如下。

$$X_i = N(Ex, En) \tag{3.1}$$

$$Ex = \frac{1}{n}\sum_{i=1}^{n} X_i \tag{3.2}$$

$$En = \sqrt{\frac{\pi}{2}} \frac{1}{n}\sum_{i=1}^{n} |X_i - Ex| \tag{3.3}$$

$$He = \sqrt{\frac{1}{n}\sum_{i=1}^{n}(X_i - Ex)^2 - En^2} \tag{3.4}$$

式中,Ex 是云滴在论域空间分布的期望值,在云图上的表征为最高点,是最能代表定性概念的点;En 是模糊度的度量,表示定性概念可被度量的粒度,在云图上的表征为云滴离散程度;He 是 En 的熵,是熵的不确定性度量,在云图上的表征为云形厚度，超熵越大则隶属度的随机性也越大。云图及其数字特征的表示如图 3.3 所示。可以发现，云模型的隶属度映射结果是满足正态分布特征的，即过高或过低的指标数值在云图中皆表现为较低的隶属度，而反映该指标的期望水平附近的指标数值则有着较高的隶属度结果，这符合客观世界事物的基本统计规律。

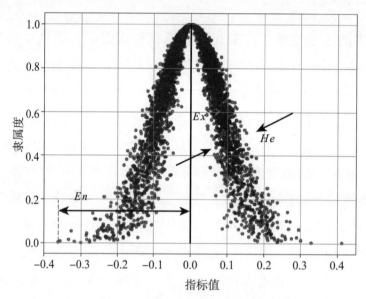

图 3.3　云图及其数字特征的表示

　　云模型中定性概念与定量数值之间的相互转化需要通过云发生器来实现，云发生器主要分为 4 种：正向云发生器、逆向云发生器、X 条件云发生器和 Y 条件云发生器。

　　X 条件云发生器的定义为：在给定集合的数域空间中，已知云的 3 个数字特征：Ex、En 和 He，若在特定的 $X=X_0$ 条件下进行定性概念与定量隶属度之间转化，则称为 X 条件云发生器。基于 X 条件云发生器的隶属度评价算法如表 3.3 所示。

表 3.3　基于 X 条件云发生器的隶属度评价算法

算法	隶属度评价算法
输入：$(Ex, En, He, \text{data}, N)$。	
输出：y 隶属度，(x, y) 云滴 N 个，data 中每个数据对应的隶属度 Y。	
步骤：	

续表

(1)for *i* in range(*N*):

(2)*Enn* = np.random.normal(*En*,*He*);

(3)*x*(*i*) = np.random.normal(*Ex*,abs(*Enn*));

(4)*y*(*i*) = (np.exp(-(*x*(*i*) - *Ex*) ∗ (*x*(*i*) - *Ex*) / (2 ∗ Enn ∗ *Enn*)))/2;

(5)if *x*(*i*)>*Ex*:

(6)*y*(*i*)=1-*y*(*i*);

(7)for *j* in range(len(data)):

(8)*Y* =(exp(-(data[*j*][1] - Ex) ∗ (data[*j*][1] - *Ex*) / (2 ∗ *En* ∗ *En*)))/2;

(9)if data[*j*][1]>*Ex*:

(10)*Y*=1-*Y*。

表 3.3 是基于 *X* 条件云发生器的隶属度评价算法，从原始特征变量的定性概念向隶属度转换的函数表达式为：

$$y_i = \begin{cases} \dfrac{1}{2} e^{-\dfrac{(x_i - Ex)^2}{2Enn^2}} & (x_i \leqslant Ex) \\ 1 - \dfrac{1}{2} e^{-\dfrac{(x_i - Ex)^2}{2Enn^2}} & (x_i > Ex) \end{cases} \tag{3.5}$$

从式(3.5)中可以看出，上述的函数表达式是一个典型的分段函数，原始的随机变量 X_i 在经过隶属度函数的转换后被统一映射到 0~1。其中，*Enn* 是均值为指标的期望，方差为超熵的随机分布数，在云模型中表现为特定 $X=X_0$ 取值下的云滴，即当指标的数值为特定的 X_0 时，其表现的隶属度结果并不是一个固定的数值，而是在区间[0, 1]中的不确定结果，并且不确定性的程度根据指标数据的 3 个云数字特征进行体现，超熵越大则不确定性程度也越高，隶属度的变动幅度也越大。这也体现了特征变量在客观世界中的概念非明晰性。特别地，当变量的取值低于期望水平时，隶属度的分布处于正态曲线的左半部分；当变量的取值高于期望水平时，隶属度的分布则处于正态曲线的右半部分。

3.4.2 数据校准过程

DAC 的数据校准步骤主要包括以下几个过程。

(1) 导入数据，确定待分析变量，计算其描述性统计结果，包括最小值、最大值、变量均值、中位数、25%分位数、75 分位数等。具体操作代码如下：

```
1   #导入数据处理工具包
2   import pandas as pd
3   #导入数据
4   data=pd.read_csv(r'D:\数据\housing.csv')
5   #描述性统计结果
6   print(data.describe())
```

其中运行环境软件版本为 PyCharm Community Edition 2021.1.2 x64，程序语言为 Python。

通过运行这段 Python 程序，得到的运行结果如图 3.4 所示。

```
            CRIM          ZN       INDUS   ...     PTRATIO       LSTAT       PRICE
count  506.000000  506.000000  506.000000  ...  506.000000  506.000000  506.000000
mean     3.613524   11.363636   11.136779  ...   18.455534   12.653063   22.532806
std      8.601545   23.322453    6.860353  ...    2.164946    7.141062    9.197104
min      0.006320    0.000000    0.460000  ...   12.600000    1.730000    5.000000
25%      0.082045    0.000000    5.190000  ...   17.400000    6.950000   17.025000
50%      0.256510    0.000000    9.690000  ...   19.050000   11.360000   21.200000
75%      3.677083   12.500000   18.100000  ...   20.200000   16.955000   25.000000
max     88.976200  100.000000   27.740000  ...   22.000000   37.970000   50.000000
```

图 3.4　原始数据的描述性统计结果

(2) 设置阈值 high 和 low，暂时保留超出正常分布(即高于 high 或低于 low)的数据，这部分数据被用于构建云模型。具体操作代码如下：

```
1   high = data.quantile(0.75)    #75%分位数
2   low = data.quantile(0.25)     #25%分位数
3   print('高阈值: ',high)
4   print('低阈值: ',low)
```

(3) 基于阈值范围内的数据构建正态云模型，计算云模型的基本特征参数：期望、熵和超熵。具体操作代码如下：

```
1   import numpy as np
2   i=0
3   def cloud_compute(x):
4       Ex = np.mean(x)    # 期望
5       En = np.sqrt(np.pi / 2) * np.mean(np.abs(x - Ex))   # 熵
6       S2 = np.std(x)    # 标准差
```

```
7        He = np.sqrt(np.abs(S2*S2 - En*En))   #超熵
8        return Ex, En, He
9   print(data.columns[i], '期望、熵、超熵：'+'C_'+data.columns[i]+'=',
    cloud_compute(d))
```

通过运行这段 Python 程序，可得到的云模型数字特征计算结果如图 3.5 所示。

```
E:\PycharmProjects\VirtualEnv\Scripts\python.exe E:/PycharmProjects/
CRIM 期望、熵、超熵: C_CRIM= (3.6135, 5.996, 6.1553)
ZN 期望、熵、超熵: C_ZN= (11.3636, 20.9411, 10.2143)
INDUS 期望、熵、超熵: C_INDUS= (11.1368, 7.7731, 3.6674)
NOX 期望、熵、超熵: C_NOX= (0.5547, 0.1199, 0.0314)
RM 期望、熵、超熵: C_RM= (6.2846, 0.6433, 0.2808)
AGE 期望、熵、超熵: C_AGE= (68.5749, 30.8452, 12.6741)
DIS 期望、熵、超熵: C_DIS= (3.795, 2.1549, 0.4675)
RAD 期望、熵、超熵: C_RAD= (9.5494, 9.4493, 3.6909)
PTRATIO 期望、熵、超熵: C_PTRATIO= (18.4555, 2.24, 0.5831)
LSTAT 期望、熵、超熵: C_LSTAT= (12.6531, 7.163, 0.6444)
PRICE 期望、熵、超熵: C_PRICE= (22.5328, 8.331, 3.8747)
```

图 3.5　各变量的云模型数字特征

以变量 LSTAT 为例，从其云模型的参数计算结果来看，期望值为 12.653 1，反映了该变量的均值水平；熵值为 7.163，反映了该变量的离散程度；超熵为 0.583 1，反映了其在总体分布中的不确定程度，在云模型中体现为云层的厚度。

(4) 构建 X 条件云发生器，将每个原始变量作为输入数据，用步骤(3)中的云特征参数作为隶属度函数的转换基础，进而得到每个变量全部样本数据的隶属度映射结果。具体操作代码如下：

```
1   #X 条件云发生器
2   def forward(Ex,En,He,Num):
3       cloudpoint=[]
4       for n in range(Num):
5           En_1 = np.random.normal(En, He)   #随机的正态分布
6           x=np.random.normal(Ex,abs(En_1))
7           if x<=Ex:
8               y = np.exp(-(x-Ex)*(x-Ex)/(2*En_1*En_1))/2
9           else:
10              y = 1-np.exp(-(x-Ex)*(x-Ex)/(2*En_1*En_1))/2
11          cloudpoint.append([x,y])
12      return cloudpoint
```

以变量 LSTAT 为例，构建一个条件云发生器，得到如图 3.6 所示的散点图结果。该图展示了在特定云模型参数下云滴的分布形态。从图中可以观察到，在云滴数量为 2 000 的情况下，其基本轮廓呈现出较为规则的正态分布特征。靠近均值期望水平 0.51 的云滴分布较为集中，显示出较大的隶属度差异；而那些偏离期望水平的云滴则相对分散，其隶属度结果的差异相对较小。这一现象与现实中的分布情况相吻合。

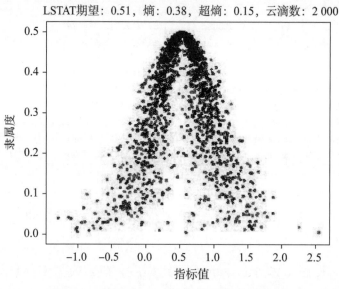

图 3.6　变量 LSTAT 的条件云发生器映射

通过分析条件云发生器，可以观察到变量 LSTAT 的 2 000 个云滴的分布模式。如图 3.6 所示，每个散点代表一个云滴，反映了在特定条件变量值下的隶属度结果。因此，相同的变量值可能对应多个隶属度结果。这些散点在均值附近分布较为密集，而在指标值较大或较小的区域，散点的离散程度更高。尽管条件云发生器生成的变量 LSTAT 的隶属度结果看似随机，但从其形态上来看，它们近似地呈正态分布。随着云滴数量的增加，散点的分布形状越来越接近正态分布，这反映了云模型在数据校准方面的不确定性结果与确定性内涵。

(5) 根据式(3.5)，可以计算出每个原始变量值对应的隶属度函数结果，并通过多次校准取其平均值，循环操作以获得所有变量的最终校准结果。特别地，当校准次数足够多时，校准后的结果将趋近于云模型的正态曲线。以变量 LSTAT 为例，设定云滴数量为 2 000，最大校准次数为 1 000，首次数据校准的云滴散点图与正态曲线的映射结果如图 3.7 所示。

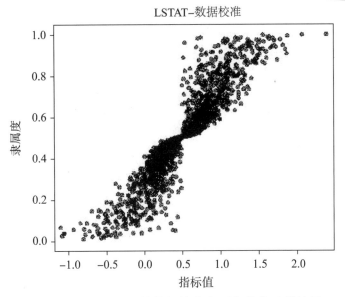

图 3.7　变量 LSTAT 的数据校准和正态曲线映射结果

在本分析中，Boston 房价数据集的变量分布特征并不遵循严格的正态分布规律，这一点可通过表 3.2 的描述性统计分析结果明确看出。鉴于此，本文决定在构建云模型时，将数据的最高阈值设定为75%分位数，最低阈值设定为25%分位数。假设处于四分位数区间内的数据更贴近正态分布的特性，而超出这一范围的数据通常偏离正常水平，因此，在管理决策问题的解释力方面，它们不如接近均值的样本数据有效。

实际上，除了通过描述性统计分析初步了解变量的数据分布特征外，还可以利用频数分布直方图进行可视化展示。在现实世界中，事物的发展和数据分布往往呈现正态分布的形态，其频数分布直方图通常呈现出"中间高、两边低"的特点。因此，在设定云模型的数据阈值时，绘制不同变量的频数直方图可以帮助我们尽可能地预先排除异常数据，如采用90%和10%分位数作为阈值。本文通过初步的探索性数据分析，发现变量"ZN"的频数分布呈现出典型的右偏态特征，如图 3.8 所示。

针对这一特征变量的校准和可视化操作代码如下：

```
1    d=data.loc[data[data.columns[1]]!=0, data.columns[1]]
2    range_data = data.loc[(d <= high[i]) & (d >= low[i]), data.columns[i]]
3    plt.hist(data['ZN'])
4    plt.show()
```

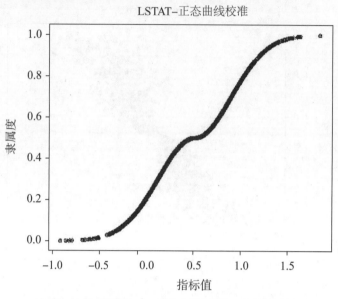

图 3.8　变量 LSTAT 的正态曲线映射结果

通过这段 Python 程序的运行，得到图 3.9 所示的展示结果。

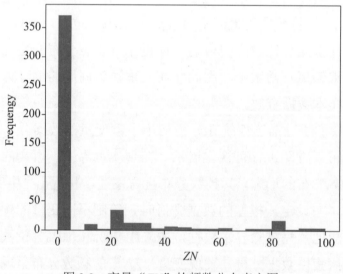

图 3.9　变量"ZN"的频数分布直方图

图 3.9 为变量"ZN"的频数分布直方图，揭示了 506 个样本数据中有 372 个零值。观察到最小值和 25%分位数均为 0，这表明在对"ZN"变量进行独立校准时，必须先设定一个特定的数据校准范围。由于其典型的非正态分布特性，若采用与其他变量相同的校准阈值选择方案，可能会导致云模型数字信息被极端值所掩盖。

针对这种情况，通常选择排除极端值的变量值作为数据校准的阈值区间。首先，对于非零值的样本，进行高低阈值的划分，并据此构建云模型。其次，计算这 372 个非零样本值的云模型参数。最终的校准基于全部 506 个样本数据，利用云模型参数完成数据校准过程，以确保最终校准结果的合理性和稳定性。

3.5 数据预处理前后结果对比

本文着重通过比较描述性统计结果，对比相关系数展示数据预处理的效果。首先，对预处理前后的数据进行描述性统计分析，查看数据分布特征的变化，关注数据范围的收缩和中心趋势的调整。为了更直观地展示这些变化，本文还使用了 Seaborn 绘制箱线图，展示数据的四分位数分布，察觉数据分布的改善，特别是异常值的减少和数据分布的集中。其次，使用热力图可视化相关系数矩阵，比较预处理前后变量间的相关系数，一些原本被噪声或异常值掩盖的相关关系在预处理后变得更加明显，一些可能由于数据质量问题而产生的虚假相关也得到了纠正。

3.5.1 描述性统计结果对比

如图 3.10 所示，原始指标数据的箱线图分布揭示出大多数变量的数据分布并不均匀，并且存在大量异常值。此外，由于变量的量纲单位不同，原始数据呈现出显著的不平衡性，这给最终的房价预测决策分析带来了巨大的挑战。经过 CCM 校准后，数据的箱线图如图 3.11 所示。

观察校准前的数据箱线图，可以发现许多变量的数据存在异常点，即超出正常范围的数值。然而，在经过 CCM 校准后，数据箱线图显示各指标的数值已被转换至[0, 1]区间，异常数据在箱线图中不再显现。这是因为 CCM 校准将原始指标中的异常数据视为正态分布的尾部数据，这些数据在客观系统中更接近于较大的隶属度值。因此，这些极端值之间的差异变得不那么显著，被统一校准到变动范围较小的高隶属度或低隶属度区间内。

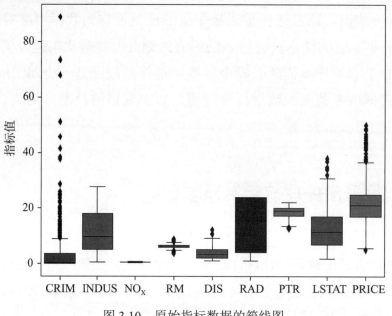

图 3.10　原始指标数据的箱线图

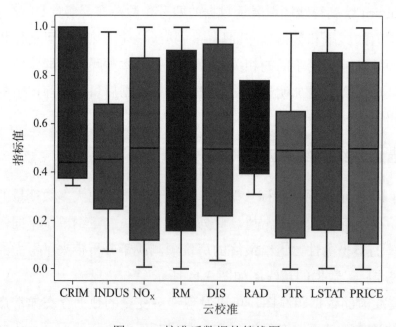

图 3.11　校准后数据的箱线图

CCM 校准方法利用条件云发生器生成的随机云滴进行隶属度映射。为了减少随机性的影响，将通过 1 000 次云校准的均值作为最终校准结果。经过多次重复校准，发现结果分布没有显著差异。

具体操作代码如下：

```
1    import matplotlib.pyplot as plt
2    import pandas as pd
3    import seaborn as sns
4    data=pd.read_csv('D:\\housing.csv')
5    CCM=pd.read_csv('D:\正态校准数据.csv')
6    sns.boxplot(data=data)
7    plt.show()
```

进一步地,我们对校准前后的数据进行了描述性统计分析,计算了各变量校准后的均值、标准差等统计量,并得到了如表 3.4 所示的对比结果。

表 3.4　校准前后的描述性统计结果对比

变量	Mean	std	Min	25%	50%	75%	Max
CRIM 前后	3.614	8.602	0.006	0.082	0.257	3.677	88.976
	0.596	**0.273**	**0.344**	**0.375**	**0.440**	**1.000**	**1.000**
ZN 前后	11.364	23.322	0.000	0.000	0.000	12.500	100.000
	0.259	**0.182**	**0.166**	**0.166**	**0.166**	**0.287**	**0.929**
INDUS 前后	11.137	6.860	0.460	5.190	9.690	18.100	27.740
	0.456	**0.236**	**0.073**	**0.248**	**0.453**	**0.680**	**0.980**
NO$_x$ 前后	0.555	0.116	0.385	0.449	0.538	0.624	0.871
	0.513	**0.356**	**0.007**	**0.119**	**0.500**	**0.872**	**1.000**
RM 前后	6.285	0.703	3.561	5.885	6.209	6.624	8.780
	0.509	**0.360**	**0.000**	**0.158**	**0.499**	**0.904**	**1.000**
AGE 前后	68.575	28.149	2.900	45.025	77.500	94.075	100.000
	0.457	**0.317**	**0.000**	**0.093**	**0.509**	**0.762**	**0.858**
DIS 前后	3.795	2.106	1.130	2.100	3.207	5.188	12.127
	0.531	**0.335**	**0.035**	**0.220**	**0.497**	**0.931**	**1.000**
RAD 前后	9.549	8.707	1.000	4.000	5.000	24.000	24.000
	0.502	**0.169**	**0.309**	**0.395**	**0.421**	**0.780**	**0.780**
PTRATIO 前后	18.456	2.165	12.600	17.400	19.050	20.200	22.000
	0.414	**0.294**	**0.000**	**0.130**	**0.492**	**0.653**	**0.976**
LATAT 前后	12.653	7.141	1.730	6.950	11.360	16.955	37.970
	0.512	**0.351**	**0.003**	**0.164**	**0.499**	**0.896**	**1.000**
PRICE 前后	22.533	9.197	5.000	17.025	21.200	25.000	50.000
	0.499	**0.371**	**0.000**	**0.106**	**0.500**	**0.857**	**1.000**

具体的操作代码如下：

```
1    import pandas as pd
2    data=pd.read_csv('D:\\housing.csv')
3    CCM=pd.read_csv('D:\\正态校准数据.csv')
4    print(data.describe())      #描述性统计结果
5    print(CCM.describe())
```

运行这段代码，得到如图 3.12 所示的校准后数据的描述性统计结果。

```
              CRIM         ZN      INDUS    ...    PTRATIO      LSTAT      PRICE
count   506.000000  506.000000  506.000000  ...  506.000000  506.000000  506.000000
mean      0.595811    0.259389    0.456016  ...    0.413991    0.511833    0.498879
std       0.273332    0.182490    0.236216  ...    0.294233    0.350895    0.370826
min       0.343500    0.165800    0.072500  ...    0.000000    0.003000    0.000000
25%       0.375225    0.165800    0.247900  ...    0.129900    0.163500    0.105875
50%       0.439750    0.165800    0.453400  ...    0.492250    0.499250    0.500000
75%       1.000000    0.287200    0.680200  ...    0.652900    0.896400    0.856900
max       1.000000    0.929100    0.979900  ...    0.975700    1.000000    1.000000
```

图 3.12 校准后数据的描述性统计

3.5.2 相关系数结果对比

在 Python 环境中，执行相关性系数计算的功能与原始数据的相关性分析相似，通过调用 data.corr()函数实现，并输出结果，如表 3.5 所示。为了方便比较校准前后变量间相关性的变化，分别绘制了相应的热力图，如图 3.13 和图 3.14 所示。

表 3.5 校准后数据的相关系数结果

	1	2	3	4	5	6	7	8	9	10	11
1	1.00	−0.42	0.71	0.81	−0.23	0.62	−0.70	0.88	0.38	0.57	−0.53
2	−0.42	1.00	−0.58	−0.58	0.35	−0.56	0.58	−0.33	−0.40	−0.48	0.41
3	0.71	−0.58	1.00	0.79	−0.40	0.68	−0.75	0.56	0.46	0.65	−0.59
4	0.81	−0.58	0.79	1.00	−0.28	0.80	−0.89	0.67	0.40	0.63	−0.56
5	−0.23	0.35	−0.40	−0.28	1.00	−0.25	0.24	−0.14	−0.31	−0.60	0.61
6	0.62	−0.56	0.68	0.80	−0.25	1.00	−0.80	0.47	0.35	0.66	−0.55
7	−0.70	0.58	−0.75	−0.89	0.24	−0.80	1.00	−0.56	−0.34	−0.56	0.44
8	0.88	−0.33	0.56	0.67	−0.14	0.47	−0.56	1.00	0.46	0.50	−0.45

续表

	1	2	3	4	5	6	7	8	9	10	11
9	0.38	−0.40	0.46	0.40	−0.31	0.35	−0.34	0.46	1.00	0.46	−0.53
10	0.57	−0.48	0.65	0.63	−0.60	0.66	−0.56	0.50	0.46	1.00	−0.84
11	−0.53	0.41	−0.59	−0.56	0.61	−0.55	0.44	−0.45	−0.53	−0.84	1.00

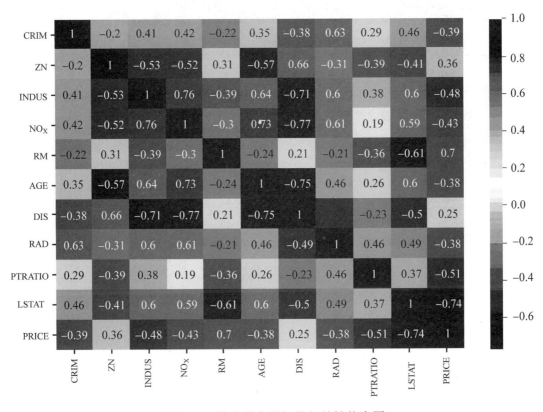

图 3.13　校准前变量间的相关性热力图

经过数据校准，可观察到大多数变量间的相关性得到了提升，变量间的关系变得更加显著。这一现象的原因在于所有变量的取值范围被统一调整至[0, 1]区间，从而减少了数据的方差变化，特别是对于异常值之间的数值差异进行了缩小。在这些变量中，相关性最强的是 DIS 和 NO_x，相关系数从原始的-0.77提高到了-0.89。而相关性最弱的变量对是 RM 和 RAD，相关系数为-0.14。

尽管数据校准导致了不同变量间相关性系数的轻微变动，但相关性的正负符号与原始数据保持一致，这说明数据校准方法并没有从根本上破坏原始数据的系统结构，而只是在离散度上进行了有限的压缩。这为后续进行复杂因素分析提供了坚实的数据基础。此外，如果校准后的数据变量显示出高度相关性，可以根据分析需求进一步减少特征变量的数量，以获得更加精简且冗余性较低的特征集。

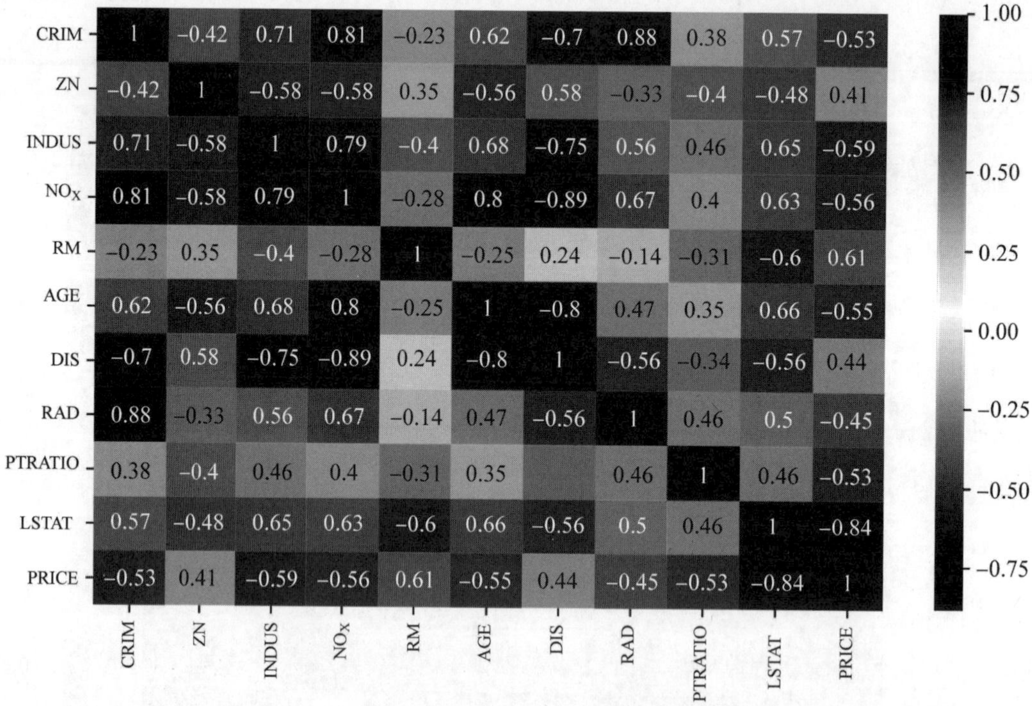

图 3.14 校准后变量间的相关性热力图

3.6 实现代码

本节展示数据校准的实现代码，运行环境为 Pycharm，主要使用 Pandas、NumPy、Matplotlib 等 Python 包，进行数据的云校准预处理。

```
1    #本部分为数据校准的实现代码，运行环境为Pycharm
2    import pandas as pd
3    import numpy as np
4    import matplotlib.pyplot as plt
5    plt.rcParams['font.sans-serif']=['SimHei']
6    data=pd.read_csv(r'D:\\housing.csv')  #导入数据
7    high = data.quantile(0.75)    #75%分位数
```

```python
8      low = data.quantile(0.25)    #25%分位数
9      print('高阈值：',high)
10     print('低阈值：',low)
11     def cloud_compute(x):
12         Ex = np.mean(x)    #期望
13         En = np.sqrt(np.pi/2) * np.mean(np.abs(x - Ex))    #熵
14         S2 = np.std(x)    #标准差
15         He = np.sqrt(np.abs(S2*S2-En*En))    #超熵
16     return Ex, En, He
17     for i in range(len(data.columns)):
18         d = data[data.columns[i]]    #第i列数据
19         print(data.columns[i],'期望、熵、超熵：',cloud_compute(d))
20         high = data.quantile(0.75)    #75%分位数
21         low = data.quantile(0.25)    #25%分位数
22         if i==1:
23             range_data=data.loc[data[data.columns[1]]!=0, data.columns[1]]
24         else:
25             range_data=data.loc[(d<=high[i])&(d>=low[i]),data.columns[i]]
26         Ex = cloud_compute(range_data)[0]
27         En = cloud_compute(range_data)[1]
28         He = cloud_compute(range_data)[2]
29         iter = 1000    #迭代次数
30         iter_list = []
31         for k in range(iter):
32             y_list = []
33             for x in d:
34                 En_1 = np.random.normal(En, He)    #随机的正态分布
35                 if x <= Ex:
36                     y = np.exp(-(x-Ex)*(x-Ex)/(2*En_1*En_1))/2
37                 else:
38                     y = 1 - np.exp(-(x-Ex)*(x-Ex)/(2*En_1*En_1))/2
39                 y_list.append(y)
40             iter_list.append(y_list)
41         result_mean = np.mean(iter_list, axis=0)    #均值化
42         data[data.columns[i]] = result_mean
43     print(data)
```

参考文献

[1] 郭金海,肖新平,杨锦伟,2015. 函数变换对灰色模型光滑度和精度的影响[J]. 控制与决策,30(07):1251-1256.

[2] 周冰洁,王培培,王鑫,等,2023. 基于 BERT-CNN 的数据标准化方法[J]. 扬州大学学报(自然科学版),26(01):70-73.

[3] KIRCHNER K,ZEC J,DELIBASIC B,2016. Facilitating data preprocessing by a generic framework: a proposal for clustering[J]. Artificial Intelligence Review,45(03): 271-297.

[4] MALIK J S,GOYAL P,SHARMA A K,2010. A comprehensive approach towards data preprocessing techniques & association rules[C]. Proceedings of the 4th National Conference,Delhi,India.

[5] PANDEY A,JAIN A,2017. Comparative analysis of knn algorithm using various normalization techniques[J]. International Journal of Computer Network and Information Security,9: 36-42.

[6] [6] SINGH D,SINGH B,2020. Investigating the impact of data normalization on classification performance[J]. Applied Soft Computing,97: 1-23.

[7] YU T,WANG X,SHAMI A,2017. Recursive principal component analysis-based data outlier detection and sensor data aggregation in IoT systems[J]. IEEE Internet of Things Journal,4(06): 2207-2216.

第 4 章

研究对象聚类与异质性群体特征分析

在数字经济时代背景下，描述研究对象的数据呈现出高维度和多特征的特性。同时，研究人员对于研究结果的可解释性、数据分析的优化等方面有着迫切需求。因此，对研究对象进行聚类分析，以识别并划分出具有不同特征的异质性群体变得尤为重要。在完成聚类分析后，研究人员还须对这些异质性群体进行深入的特征分析，包括统计分析、可视化分析、非线性关系分析等，旨在为最终结论提供坚实的数据分析支持。

4.1 问题描述

研究对象之间可能存在显著差异，若将所有数据一并分析，将难以揭示其中的潜在知识(Li and Liu, 2021)。波士顿房价的影响因素亦可能包含差异化信息，因此，对收集到的数据进行合理分类至关重要，以便识别出在特征表现上具有显著差异的异质性群体。鉴于研究结果表明这些群体在特征表现上存在差异，进一步的特征分析显得尤为必要。这不仅有助于初步揭示其中的隐含信息，

也为后续研究指明探讨波士顿房价影响因素的方向。基于此,本文提出以下问题:

① 如何识别并划分出具有异质性差异的波士顿房价影响特征数据群体?

② 这些异质性波士顿房价影响特征群体的特征分布情况以及群体间的特征差异性如何?

为了解决上述问题,本文采取以下步骤。

(1) 异质性群体的划分。异质性群体的划分需要借助聚类算法来辅助,对于波士顿房价数据同样适用。通过相关方法计算并确定最优簇数量,然后采用适当的聚类算法来识别数据群体,并为每条数据分配相应的聚类标签以划分异质性群体。

(2) 异质性群体特征分析。在完成群体划分后,还须对所得的异质性群体特征进行分析。为了了解波士顿房价数据的每项特征分布情况等信息,可以采用描述性统计分析等方法。此外,为了便于研究人员观察,可以采用平行坐标图、雷达图等图形化方法,对聚类后的特征数据进行可视化,直观展示异质性群体特征分析的结果。还可以利用决策树、贝叶斯网络等方法,对不同组别的数据进行特征组态效应分析和影响机制分析,力求根据分析结果制定相应的管理决策和实施策略。

在进行异质性群体划分与特征分析之前,必须对数据进行预处理和清洗,以确保数据的质量和可靠性。鉴于前一阶段的研究已经使用正态云模型等方法对数据进行了预处理,本章不再重复该步骤。正态云模型能够根据隶属度对每条数据进行校准,并将数据限制在特定范围内,以消除不同特征数据的量纲影响,因此在后续研究中也无须进行标准化处理。本章直接使用聚类算法对特征数据进行分析,以识别出异质性群体,并据此对不同群体进行特征分析。

4.2 聚类算法选择及依据

在着手研究对象的聚类分析及异质性群体特征之前,必须对所采纳的聚类方法进行初步探讨,并审慎地选择。为此,有必要对聚类算法的应用背景、常见的聚类技术进行描述和阐释,以在后续的研究中基于充分的理由挑选出合适的聚类方法,进而辨识出那些影响波士顿房价的具有异质性特征的数据群体。

4.2.1 聚类算法

作为一种无监督学习技术，聚类算法在图像分割、异常检测(Anomaly Detection, AD)、自然语言处理(Natural Language Processing, NLP)等多个领域发挥着重要作用。在图像分割领域，聚类算法通过将像素分组，实现了图像的分割。例如，通过将像素分配到不同的组别，聚类算法能够完成图像的颜色分割。在异常检测方面，聚类算法被用来识别数据集中的异常点，通过将正常数据点分配到不同的簇中，识别出那些不符合簇分布的数据点。在自然语言处理领域，聚类算法有助于文本分类和聚类任务，将大量文本数据划分为不同的类别，从而提高分类和分析任务的效率和准确性。

然而，在处理不同数据集或满足不同应用需求时，选择合适的聚类算法至关重要。目前，流行的聚类算法包括但不限于 K 簇质心距离均值聚类算法(K-Means clustering algorithm, K-Means)、基于密度的聚类算法(Density-Based Spatial Clustering of Applications with Noise, DBSCAN)、相似度传播聚类算法(Affinity Propagation clustering algorithm, AP)等。这些算法能够根据研究对象数据的不同类型进行有效的数据群体划分。

K-Means 聚类算法(简称 K-Means 算法)是一种基于簇质心距离的划分聚类方法。它将数据集划分为 k 个不同的簇，每个簇由距离其簇中心最近的数据点组成(Celebi et al., 2013)。算法的基本步骤是：首先随机选择 k 个数据点作为初始簇中心，然后将每个数据点分配到最近的簇中心所在的簇，接着重新计算每个簇的中心点，重复这一过程，直至达到预定的迭代次数或收敛条件。

K-Means 聚类算法的优点在于其简单性、快速的计算速度和良好的可扩展性，尤其适合处理大规模数据集。此外，通过调整参数，如簇的数量 k 和初始中心点选择方法，可以实现不同的聚类效果。然而，K-Means 聚类算法也存在一些局限性。首先，它对数据集中的噪声和异常值处理不够稳健，容易导致错误的聚类结果。其次，簇的数量 k 需要预先设定，而确定适合不同数据集的 k 值往往需要多次试验和调整。最后，K-Means 聚类算法仅适用于数值型数据，对于非数值型数据则需要进行额外的预处理。如图 4.1 所示，当设定簇的数量为 3 时，K-Means 聚类算法能够有效地将三组随机生成的、具有距离差异的 500 条二维数据区分开来，每个簇的中心点在图中以黑色的"×"标记表示。

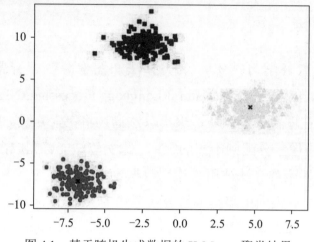

图 4.1 基于随机生成数据的 K-Means 聚类结果

K-Means 算法的伪代码如下：

算法　　K-Means 聚类算法

输入：样本集 D，聚类个数 K，最大迭代次数 N。

输出：簇划分。

步骤：

  (1) 为每个聚类选择一个初始聚类中心；

  (2) 将样本集按照最小距离原则分配到最邻近聚类；

  (3) 使用每个聚类的样本均值更新聚类中心；

  (4) 重复步骤(2)、(3)，直到聚类中心不再发生变化；

  (5) 输出最终的聚类中心和 K 个簇划分。

簇数量 k 的确定思路可以借由肘部算法(Elbow Method)进行。肘部算法是一种用于确定聚类分析中最优聚类数量的方法。它基于对不同聚类数量下的误差平方和(Sum of Squared Errors, SSE)进行比较，选取 SSE 与聚类数量关系图中"肘部"所在的聚类数量作为最优聚类数量。SSE 的计算公式如下：

$$SSE = \sum_{i=1}^{k} \sum_{p \in C_i} |p - m_i|^2 \tag{4.1}$$

式中，C_i 为第 i 个簇，p 为第 i 个簇 C_i 中的样本点，m_i 为该簇的质心(即该簇 C_i 中所有样本点的均值)。随着聚类簇数增加，簇的划分越来越精细，因此误差平方和会逐渐减小。极端情况下，每一个样本点被各自聚为一类时，误差平方和变为 0。当拟定聚类簇数 k 小于真实聚类簇数时，k 的增大将逐步提升各个簇的聚合程度与聚合效果，使得误差平方和大幅度减小。当 k 到达真实聚类数时，k 值继续增加所得到的聚合程度回报会迅速减小，使得误差平方和也会随之迅速减小。在 k 超越真实聚类数并继续变大时，误差平方和变化幅度会逐渐减小并趋于平缓。因此，在增加簇数量时，若出现 SSE 突变的情况，则意味着增加后的簇数量是合适的聚类数量。

K-Means 算法以其强大的泛用性广泛应用于多个领域的聚类研究。例如，隐狄利克雷分布(Latent Dirichlet Allocation，LDA)聚类算法——一种概率主题模型，它能够将文档集合中的文档根据主题进行分组。LDA 正是在 K-Means 算法的基础上发展起来的文本挖掘技术。该算法建立在这样的假设之上：每个文档由多个主题混合构成，而每个主题又由多个单词混合构成。LDA 旨在通过识别文档中的主题，实现文档到主题的分组。其优势在于能够自动确定主题的数量，并且能够高效处理大规模文档集合。然而，LDA 算法的不足之处在于计算时间较长，且当主题和文档数量庞大时，模型的复杂度会显著增加。

LDA 聚类算法的伪代码如下：

算法　LDA 聚类算法

输入：文本集合 D，主题数 K，迭代次数 T。

输出：每个文本的主题分布 θ 和每个主题的单词分布 φ。

步骤：

　　(1) 初始化：随机初始化 θ 和 φ 矩阵；

　　(2) 迭代训练：重复执行以下步骤 T 次：

　　　　① 随机选择一个文本 d；

　　　　② 对于 d 中的每个单词 w，根据 θ 和 φ 计算该单词属于每个主题的概率；

　　　　③ 根据上一步骤中的概率，采样该单词的主题；

　　　　④ 根据该单词的主题更新 θ 和 φ。

---

(1) DBSCAN 聚类算法。

DBSCAN 聚类算法(简称 DBSCAN 算法)是一种基于密度的聚类算法，能够将数据点划分为具有相似密度的簇，并且能够有效地识别并处理噪声和异常值(Schubert et al.，2017)。其核心原理是：对于任意一个数据点，若其邻域内的点密度超过预设的阈值，则该点被归类为某个簇的一部分；反之，若邻域点密度低于阈值，则被视为噪声点。这个阈值通常通过设定邻域半径来确定。与

K-Means 聚类算法不同，DBSCAN 聚类算法无须预先指定簇的数量，而是通过设定邻域半径和最小邻居数量阈值来实现聚类。如图 4.2 所示，DBSCAN 算法的优势在于它能够识别出任意形状的簇，并且能够有效地处理噪声和异常值 (Hahsler et al., 2019)。该算法需要调整的参数包括邻域半径(eps)和最小邻居点数 (min_samples)，这些参数可以根据具体应用场景进行优化。尽管如此，DBSCAN 算法在处理密度分布不均的数据集时可能表现不佳。在实际应用中，DBSCAN 算法已被广泛应用于多个领域，如图像分割、异常检测、文本聚类等领域。例如，在图像分割任务中，DBSCAN 算法可以将像素点有效地聚类成多个簇，从而达到分割图像的目的。

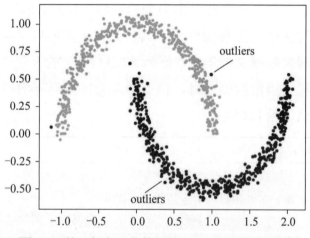

图 4.2　基于稠密形状数据的 DBSCAN 聚类结果

DBSCAN 聚类算法的伪代码如下：

算法　DBSCAN 聚类算法
输入：原始数据 $C = \{C_1, C_2, ..., C_n\}$，半径 eps 与最小样本数 $MinPts$。
输出：簇划分 $F = \{F_1, F_2, ..., F_m\}$。
步骤：   (1) 某无类别归属点 $C_m \in C$；   (2) 得 C_j 为中心，半径 eps 的密度 ε-邻域；   (3) 若 $|N_\varepsilon(C_m)| \geqslant MinPts$ 则 C_m 为核心对象；   (4) 将 C_m 与其密度可达点设为样本集合；   (5) 迭代步骤(1)至(4)，直到形成最终的聚类结果 $F = \{F_1, F_2, ..., F_m\}$。

(2) D-Peak 聚类算法。

基于密度的聚类算法，如数据密度峰值(Density-peak，D-Peak)聚类算法(简称 D-Peak 算法)，是一种先进的谱聚类方法，旨在识别多峰数据集中的子群体(Hou et al.，2020)。D-Peak 算法通过分析相邻数据点的关系，判断它们是否属于同一子峰，并据此将数据点归类。该算法的核心在于首先利用信噪比对数据进行滤波处理，随后计算局部斜率以识别所有波峰。在此基础上，它运用谱聚类技术将数据点分配至不同的子峰中。与依赖距离的传统聚类方法不同，D-Peak 算法无须事先确定簇的数量。其优势在于高鲁棒性和强自适应性，特别适合解决多峰数据的聚类难题。D-Peak 算法已在生物信息学、信号处理等多个领域的数据分析和聚类任务中得到广泛应用。与 DBSCAN 算法的区别在于，D-Peak 算法在处理数据时会考虑密度峰值，并采用"峰值函数"来描述密度聚类簇的中心，因此在参数设定时主要关注带宽和峰值函数的选取。

D-Peak 聚类算法的伪代码如下：

算法　D-Peak 聚类算法

输入：样本数据 D，截断距离 dc，最小距离 δ，高密度阈值 ρ。

输出：所有峰和每个数据点所属的簇。

步骤：

(1) 计算 D 中每个数据点 d 的局部密度 ρ；

(2) 计算每个数据点 d 到比其密度更大的邻居的最小距离 δ；

(3) 根据局部密度和最小距离确定每个数据点的类型：

　　① **If** 密度比所有距离更远的点都大，则是一个局部密度峰点；

　　② **Else if** 该点比某个距离更远的点具有更高的密度，则是一个边界点；

　　③ **Else if** 该点是一个噪声点；

(4) 将所有局部密度峰点的距离阈值设为 dc，并将它们作为聚类中心；

(5) 对于每个边界点，将其归类到距离最近的局部密度峰点所在的簇中；

(6) 将所有密度高于 ρ 的局部密度峰点所在的簇合并为一个簇；

(7) 输出所有簇的集合。

---

(3) AP 聚类算法。

AP 聚类(Affinity Propagation clustering)算法(简称 AP 算法)是一种基于相似度传播的聚类方法，由 Rodriguez 和 Laio 在 2014 年提出。该方法特别适用于数据集中缺乏明显聚类中心和包含不同大小聚类簇的情况。正如 Frey 和 Dueck 在 2007 年所描述的那样，AP 聚类的基本原理是将每个数据样本视为网络中的一个节点，并通过网络传递消息(即相似度信息)来更新节点的"聚类中心"状态。通过这一过程，所有节点最终被分配到不同的聚类中，形成具有代表性的数据群体。以音乐推荐系统为例，若需要将用户划分为若干类别，AP 聚类算法可派上用场。每个用户代表一个节点，节点间的相似度可通过其音乐偏好相似度来计算。每个聚类的"聚类中心"最终体现为该类别用户推荐的音乐列表。如图 4.3 所示，应用 AP 算法对一组随机生成的数据进行聚类，可以得到清晰的聚类结果。图中黑色"×"标记代表了每个类别的聚类中心。此外，鉴于数据类型可能存在信息不一致性，选择合适的聚类方法对于获得理想的聚类效果来说至关重要。因此，应根据数据特性和需求来恰当地选择聚类算法。

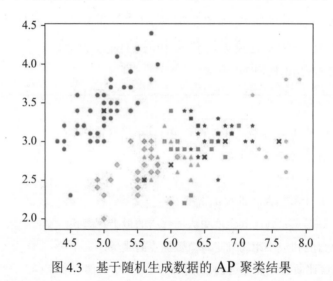

图 4.3 基于随机生成数据的 AP 聚类结果

AP 聚类算法相较于 K-Means 聚类算法，无须预先确定簇的数量，且与 DBSCAN 算法相比，对数据的稠密程度不那么敏感，从而提供了更高的灵活性。然而，在处理大规模数据集时，它可能会遭遇计算效率的挑战。此外，由于该算法依赖于相似度的度量，在处理具有非凸形状的簇时表现不佳。AP 聚类算法同样不适用于高维数据集，因为在高维空间中，距离的计算变得异常复杂，这会负面影响聚类结果。

AP 聚类算法的伪代码如下：

算法	AP 聚类算法
输入：相似度矩阵 S，阈值 d，迭代次数 max_iter。	
输出：聚类结果(每个点的类别标签)。	

续表

步骤:

(1) 初始化计算矩阵 R 和 A 为 0,M 为相似度矩阵 S;

(2) 迭代计算 R 和 A 直到收敛或达到最大迭代次数为止:

    1) 计算消息传递矩阵 E: $E = R + M$;

    2) 计算归属度矩阵 A:

        ① 令 E 中每个点的最大值对应的下标为该点的归属度;

        ② 将每个点 i 的 A_{ii} 设为其对应的 E_{ii} 减去归属度矩阵 A 中第 i 行除 i 外的最大值;

           对于每个点 i,若其归属度为自己,则将其 A_{ii} 设为 d;

    3) 计算归属度矩阵 R:

        ① 对于每个点 i,令 S_i 为所有指向 i 的点的归属度和其相似度之和;

        ② 对于每个点 i,计算其与每个点 j 之间的消息 r_{ij}:

$$r_{ij} = (1-\lambda) \times (s_{ij} - \max\{k \neq i, j\}(a_{kj} + s_{kj})) + \lambda \times r_{ij};$$

        ③ 对于每个点 i,计算其自己的消息 r_{ii}:

$$r_{ii} = (1-\lambda) \times (s_{ii} - \max\{k \neq i\}(a_{ki} + s_{ki})) + \lambda \times r_{ii};$$

        ④ 更新归属度矩阵 R:

$$R = \alpha \times R + (1-\alpha) \times r, \text{式中 } \alpha \text{ 为阻尼系数,通常取 } 0.5;$$

(3) 根据归属度矩阵 A 计算聚类结果:

    ① 对于每个点 i,将其归属度最大的点作为其所属的簇;

    ② 将所有归属度大于 d 的点划分到簇中心点的簇中;

(4) 返回聚类结果。

聚类算法不仅限于上述提及的几种,还包括均值漂移聚类算法(Mean Shift algorithm,MS)等多种方法。每种聚类算法都有其独特的优点和缺点,以及各自适用的数据类型和应用场景。因此,选择合适的聚类算法应当基于研究对象的数据特性以及研究者的需求。面对大规模数据集时,选择能够高效处理此类数据的算法尤为重要,因此,对现有的算法进行适当的补充和改进是必要的。

4.2.2 选择依据

在开始聚类分析之前,必须深入研究各种聚类算法的优劣之处以及它们各自适用的应用场景。通过细致的分析,我们可以更好地理解这些算法与研究数据之间的契合度，并据此选择最适合的方法。以 K-Means 聚类算法为例，它适用于那些具有清晰聚类结构、数值型数据特征、已知聚类数量、大型数据集以及对聚类结果解释性要求不高的场景。K-Means 算法以其高效性著称，但其对初始聚类中心的选择非常敏感。为了获得更优的聚类结果，研究人员通常会多次运行 K-Means 算法，并从中选择最佳的聚类结果。此外，DBSCAN 算法通过基于密度的聚类方法，利用数据点之间的密度关系进行聚类，能够自动识别出高密度区域作为聚类簇，并将低密度区域识别为噪声或边界点。因此，DBSCAN 算法在处理含有噪声、非线性聚类结构以及不确定聚类数量的数据集时具有明显优势，特别适用于利用聚类算法进行异常值识别的场景。最后，AP 聚类算法基于样本之间的相似度矩阵，通过迭代消息传递的方式选择具有高度相似性的样本作为聚类中心，并将其他样本分配到这些聚类中心上。它能够自动选择聚类中心，并根据样本之间的相似性建立聚类结构，适用于相似性或关联性较为明显的数据集。由于 AP 聚类算法不需要预先指定聚类数量，对于不确定聚类数量的场景而言是一个可行的选择。然而，由于该算法的计算复杂度较大，在进行大规模数据计算时可能性能较差。

通过对上述聚类方法的选择依据进行详细比较，并结合研究中使用的波士顿房价数据的特点，可以发现这些数据是多维的数值型数据。考虑到数据的密度分布情况尚且未知，且研究目的中并不包括需要找出具有代表性的类数据，因此选择 K-Means 算法作为研究中使用的聚类算法是合适的。此外，K-Means 算法在进行运算之前需要预先确定簇数量(或称聚类数量)，如果主观选定，则可能会导致数据分析结果的不准确性。为了克服这一问题，本文考虑使用肘部算法来事先分析数据信息，从而确定该组数据可以设置的最佳聚类数量。

4.2.3 相关设置

1. 数据载入设置

房价(PRICE)是后续决策树分析中的决策属性，也是贝叶斯网络分析的结果变量。若将房价纳入聚类分析，可能会引起分析结果的偏差，不利于后续研究。此外，通过基于影响波士顿房价的特征数据进行聚类分析，可以揭示影响房价的特定情境和模式，更有利于解释后续研究的结果。因此，在依据特征进行研究对象的划分时，本文不考虑房价(PRICE)。

在排除房价(PRICE)后，本文研究数据包括以下 10 个影响特征：城镇人均犯罪率(CRIM)，住宅用地所占比例(ZN)，城镇非住宅用地的比例(INDUS)，一氧化氮浓度(NO_x)，每个住宅的平均房间数(RM)，在 1940 年之前建成的所有者占用单位的比例(AGE)，与五个波士顿就业中心的加权距离(DIS)，辐射高速公路的可达性指数(RAD)，城镇的师生比例(PTRATIO)，以及低收入人群比例(LSTAT)。

2. 聚类数量设置

在应用 K-Means 算法之前，必须先利用肘部算法确定最佳的聚类数目。结果如图 4.4 所示。将特征数据输入到肘部算法中，可以清晰地观察到，当聚类数目从 1 增加到 2 时，SSE(误差平方和)的下降幅度最为显著，即在横轴值为 2 的位置出现了一个明显的拐点。因此，可以据此设定 K-Means 算法的聚类数目为 2。

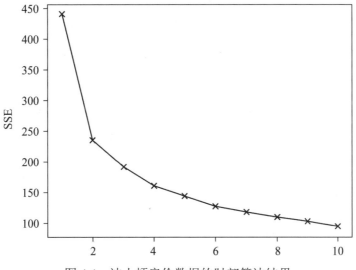

图 4.4 波士顿房价数据的肘部算法结果

3. 安装包设置

如何将数载入 K-Means 进行运算，需要预先解释。其中，考虑到 Python 语言存在机器学习相关的程序库 sklearn，其在设置 K-Means 算法的聚类数量时可以更方便且直接地调用。具体操作如下。

(1) 安装 sklearn 库。如图 4.5 所示，首先，按前文所述方法，打开命令提示符(Command Prompt，CMD)，在输入框中输入"pip install sklearn"命令，直到出现"successfully installed sklearn"字样，即为下载完成。

```
C:\Users\VBOOK>pip install sklearn
Collecting sklearn
  Using cached sklearn-0.0.post4.tar.gz (3.6 kB)
  Preparing metadata (setup.py) ... done
Installing collected packages: sklearn
  DEPRECATION: sklearn is being installed using the legacy 'setup.py install' method, because
it does not have a 'pyproject.toml' and the 'wheel' package is not installed. pip 23.1 will
enforce this behaviour change. A possible replacement is to enable the '--use-pep517' option.
Discussion can be found at https://github.com/pypa/pip/issues/8559
  Running setup.py install for sklearn ... done
Successfully installed sklearn-0.0.post4
```

图 4.5 CMD 安装 sklearn 库

(2) 调用 sklearn 库。在 Python 中，输入"import sklearn"以完成库的调用。另外，sklearn 提供了一种简便的 K-Means 调用方法，即将上述命令修改为"from sklearn.cluster import KMeans"。

(3) 载入数据。首先在 Python 中输入"import pandas as pd"，将输入的数据转化为数据框，然后输入"data = pd.read_csv('数据.csv', encoding='gbk')"，将数据载入。

(4) 根据要求设置 K-Means 算法。根据肘部算法所示结果，可以将 K-Means 聚类数量设置为 2。对此，可以在 Python 中输入"kmeans = KMeans(n_clusters=2, init='K-Means++', random_state=42)"。然而，上述仅为调用 K-Means 包，还需要将数据载入才能实现算法运算，即再输入"y_kmeans = kmeans.fit_predict(X)"。

由于步骤(2)至步骤(4)内容仅是运算代码中的核心部分，具体代码在本章最后一节全部展示。

4.2.4 聚类结果

依据肘部算法的分析结果，本文选择了 K-Means 聚类算法，并确定了簇的数量为 2，目的是识别出两个具有显著差异的特征数据群集。如表 4.1 所示提供了一个数据示例，其中包括房价(PRICE)和其他影响因素，以便于观察数据分布。聚类分析完成后，每条数据都被赋予了一个"cluster"标签，以标识其所属的群集。

为了更好地理解和观察聚类结果，首先需要将聚类结果进行可视化。鉴于研究数据的维度较高，本文采取了降维处理，以便于后续的可视化分析。主成分分析(Principal Component Analysis，PCA)法是指一种广泛使用的线性降维技术，能够将高维数据转换为低维数据，同时尽可能保留原始数据的信息，并减少特征间的相关性，从而提升分析的效率和精确度。通过 PCA，能够将高维数据压缩至二维主成分(PCA 1 和 PCA 2)，并根据聚类结果绘制散点图，如图 4.6 所示为 K-Means 算法的聚类结果。

表 4.1　部分数据聚类结果

CRIM	ZN	INDUS	NO_x	RM	AGE	DIS	RAD	PTRATIO	LSTAT	PRICE	cluster
0.439	0.166	0.333	0.115	0.001	0.784	0.987	0.368	0.245	1	0.008	群体-I
0.429	0.287	0.38	0.483	0.61	0.766	0.997	0.421	0.001	0.993	0.017	群体-I
0.41	0.413	0.245	0.135	0.257	0.75	0.999	0.479	0.54	0.682	0.045	群体-I
0.461	0.166	0.298	0.421	0.415	0.361	0.532	0.479	0.130	0.489	0.746	群体-I
0.374	0.166	0.501	0.078	0.514	0.000	0.696	0.421	0.445	0.150	0.758	群体-I
0.355	0.805	0.117	0.032	0.482	0.04	0.996	0.339	0.000	0.204	0.758	群体-I
0.374	0.58	0.106	0.027	0.865	0.028	1.000	0.395	0.352	0.072	0.758	群体-I
0.378	0.166	0.484	0.029	0.662	0.000	0.944	0.395	0.500	0.146	0.77	群体-I
0.364	0.166	0.516	0.078	0.833	0.172	0.99	0.395	0.008	0.201	0.976	群体-I
0.402	0.166	0.41	0.472	0.963	0.528	0.427	0.421	0.832	0.395	0.984	群体-I
0.365	0.497	0.308	0.111	0.974	0.018	0.641	0.395	0.171	0.016	1	群体-I
0.665	0.166	0.392	0.5	0.469	0.718	0.61	0.395	0.854	0.968	0.02	群体-II
0.995	0.166	0.754	1	0.009	0.777	0.084	0.421	0	0.997	0.025	群体-II
0.958	0.166	0.754	1	0.014	0.858	0.083	0.421	0.000	0.877	0.031	群体-II
1	0.166	0.754	1	0.476	0.56	0.127	0.421	0.000	0.74	0.031	群体-II
1.000	0.166	0.68	0.998	0.545	0.566	0.415	0.78	0.653	0.639	0.385	群体-II
0.530	0.166	0.392	0.500	0.256	0.671	0.621	0.395	0.854	0.623	0.396	群体-II
0.649	0.166	0.854	0.872	0.553	0.824	0.273	0.395	0.891	0.514	0.396	群体-II
0.778	0.166	0.754	1.000	0.001	0.858	0.096	0.421	0.000	0.576	0.396	群体-II
1.000	0.166	0.680	0.497	0.5	0.700	0.488	0.780	0.653	0.546	0.396	群体-II
0.683	0.166	0.754	0.782	0.504	0.735	0.139	0.421	0	0.072	0.973	群体-II
0.516	0.365	0.191	0.944	0.999	0.59	0.23	0.421	0	0.717	1	群体-II

从图 4.6 中可以看出，K-Means 聚类算法有效地将预处理后的波士顿房价数据分为两个特征异质性明显的群集。聚类中心在图中以黑色"×"标记。此外，即便在采用 PCA 法降维处理后，群集内部的数据点之间也没有出现其他群集的

数据点，这表明了聚类的清晰度。这一发现提示我们在后续研究中可以深入探讨这些异质性群集的特征。

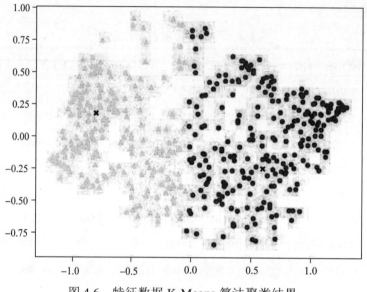

图 4.6　特征数据 K-Means 算法聚类结果

为了更直观地理解聚类分析的结果，绘制平行坐标图是十分有效的。平行坐标图能够将多个特征的值映射至同一图表内，从而使得在不同样本间进行特征比较时更为直观。在聚类分析的背景下，平行坐标图揭示了不同聚类中样本在各个特征维度上的分布，有助于深入理解聚类结果。利用平行坐标图，研究人员能够观察到不同类别样本在各个特征上的分布模式，进而评估聚类结果的合理性。

通过应用 K-Means 算法得出的结果，可以绘制出总体特征以及每个类别的特征平行坐标图，分别如图 4.7 和图 4.8 所示。为了便于观察和理解数据的分布情况和结构，在绘制平行坐标图时特别加入了房价(PRICE)这一指标。通过审视所有特征的平行坐标图，可以明显地看到两个群体的特征数据分布集中在特定区间内，这表明聚类效果是令人满意的。进一步分析显示，群体-I 在 ZN、RM、DIS 以及 PRICE 上的综合表现优于群体-II，而其他特征在群体-II 中表现更为突出。这些特征差异揭示了 K-Means 聚类算法在识别具有不同特征的群体方面的有效性，从而进一步证实了聚类分析的价值和必要性。

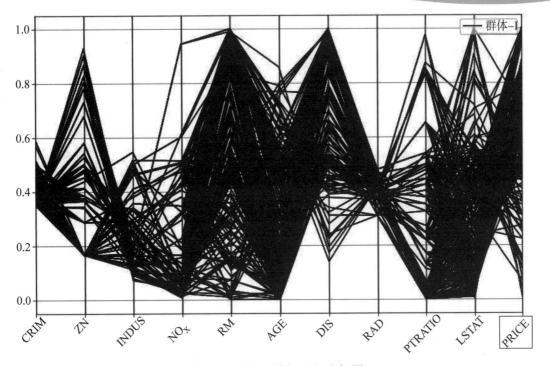

图 4.7 群体-I 特征平行坐标图

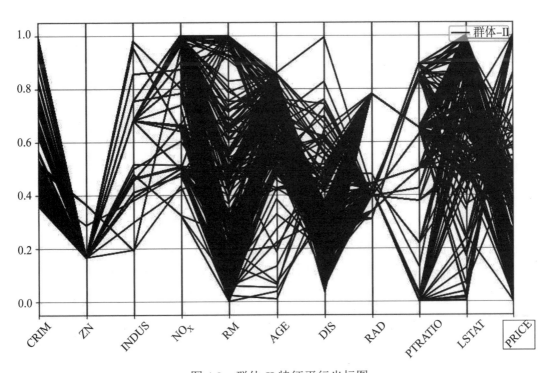

图 4.8 群体-II 特征平行坐标图

4.3 异质性群体特征分析

在面对多个异质性群体时，由于不同群体间存在显著差异，得出的结论可能不尽相同。为了深入理解这些群体的内部结构和特性，对通过聚类分析得到的异质性群体进行特征分析是至关重要的。特征分析涉及对不同群体特征的比较和深入研究，旨在揭示它们之间的差异与共性，从而发现潜在的机会和问题，并据此制定管理策略和决策。异质性群体特征分析在社会学、心理学、医学、管理学等多个领域都具有广泛的应用价值。特别是在管理学研究中，它能够帮助研究人员深入理解不同群体间的差异与相似性，探究这些差异产生的原因，并为实践提供决策支持和管理指导。

例如，异质性群体特征分析在提升管理效率和效果(Fader and Hardie，2007)、促进团队协作(Horwitz and Horwitz，2007)、挖掘潜在机会(Ban and Keskin，2021)以及提高管理决策的准确性(赵玲和黄昊，2021)等方面显示出重要性。以"异质性群体特征分析能显著提高管理决策的准确性"为例，这种分析通过将消费者和目标市场细分为不同的亚群体，使决策者能够更准确地把握不同群体的需求和偏好。通过分析群体特征，如年龄、收入、文化背景和地理位置等，决策者可以更精准地制定营销策略、产品定位和定价策略，以满足不同群体的特定需求。此外，这种分析还能帮助决策者了解不同群体对产品或服务的反应，以便根据反馈进行必要的调整和优化。

鉴于异质性群体特征分析在管理学研究领域的重要性，完成聚类分析后，进一步进行特征分析以探索群体间的差异信息和潜在价值是十分必要的。例如，在将波士顿房价特征数据输入 K-Means 聚类算法，以识别出具有不同特征的数据群体后，对这些群体进行特征分析并提出相应的分析结果，对于相关人员深入理解市场和制定有效策略至关重要。

4.3.1 基本内容

异质性群体特征分析旨在通过比较和分析不同群体的特征，揭示它们之间的差异与共性，从而识别潜在的机会和问题，并据此制定管理策略和决策。在这一分析过程中，多种统计方法和可视化工具被使用。除采用聚类分析方法用于识别和划分异质性群体外，该分析还涵盖了统计分析、非线性关系分析等核心内容。

1. 统计分析

统计分析，特别是描述性统计分析，涉及对不同群体特征的统计处理，以揭示群体的差异性和异质性。结合聚类结果，研究人员可以对数据群体进行命名，为后续研究奠定基础。描述性统计分析包括均值、标准差等指标，用于描述和量化群体数据的离散程度和分布形态。通过比较不同群体的这些统计信息，研究人员可以初步了解各群体的规模及特征数值分布，并进一步分析群体间的相似性和差异性。

描述性分析不仅有助于探索群体差异，还能揭示群体内部的特征。例如，在对员工进行分类时，基于异质性群体的描述性统计信息，研究人员可能发现某些群体内部员工绩效差异显著，这提示可能需要更细致地分类分析，以识别内部分工不合理或其他问题。在市场细分中，通过描述性统计分析不同消费者群体的年龄、性别、收入、消费习惯等特征，有助于企业更准确地理解市场差异，从而制定针对性的市场推广策略和有效的营销计划。

2. 非线性关系分析

非线性关系分析深入探讨群体内各项指标，以识别哪些指标在群体间表现出较高的异质性，进而对群体进行更深入的解析。该分析包括基于决策树的特征组态效应分析和基于贝叶斯网络的特征影响机制分析等。

特征组态效应分析是在决策树算法基础上的后续研究，有助于管理者理解各特征对不同群体的影响，并为决策提供指导。决策树还能提供前因变量特征对结果变量的重要性排序，帮助管理者深入理解异质性群体数据的结构和规律，为后续结论提供数据分析基础。由于章节安排，本节对群体因素分析的内容仅作简要介绍，详细意义和步骤将在第五章阐述。

特征影响机制分析则在划分异质性特征群体的基础上，进一步探讨特征对群体特征形成的影响方式和程度。该分析基于贝叶斯网络，利用爬山算法等方法确定网络结构，以明确前因变量对结果变量的影响方式，并通过调整网络节点概率来观察影响程度。特征影响机制分析有助于识别各特征在群体特征形成中的重要性以及特征间的相互作用。需要注意的是，不同特征的影响机制可能不同，因此需要根据实际情况进行选择和调整。同样，由于章节安排，本节对群体因素分析的内容仅作简要介绍，详细意义和步骤将在第六章阐述。

4.3.2 群体描述性统计分析

为了初步分析不同群体间的差异，本文以 0.5 的隶属度作为划分阈值，将房价(PRICE)划分为高和低两个二元等级。具体来说就是，隶属度大于 0.5 的被归类为高等级，而小于 0.5 的则为低等级(数据集中不包含隶属度恰好为 0.5 的样本)。通过这种方式，研究人员能够深入挖掘数据中的潜在信息。如表 4.2 所示，样本总数(样本数量)达到 506 条；其中，被划分为高等级的房价(高等级房价)样本有 250 条，占总数的 49.41%；而低等级的房价(低等级房价)样本则有 256 条，占 50.59%。群体-I 包含 261 个样本，占全部样本的 51.58%；在这一群体中，高等级房价数据有 197 条，占比为 75.48%，而低等级房价数据有 64 条，占比为 24.52%。群体-II 包含 245 个样本，占总体样本的 48.42%；其中，高等级房价数据有 53 条，占比为 21.63%，低等级房价数据则有 192 条，占比为 78.37%。两个群体在房价等级的分布上表现出显著的差异性。

表 4.2 波士顿房价数据的聚类结果分析

	样本总体	群体-I	群体-II
样本数量/样本占比	506/100%	261/51.58%	245/48.42%
高等级房价数量/高等级房价占比	250/49.41%	197/75.48%	53/21.63%
低等级房价数量/低等级房价占比	256/50.59%	64/24.52%	192/78.37%

为了全面了解样本数据的分布情况，研究人员对聚类分析得到的特征数据进行了描述性统计分析，以便进行统计推断。此外，为了直观展示统计信息和数据分布，研究人员还制作了基于特征均值的雷达图。通过这些图表可以观察到如表 4.3 所示呈现的内容。表 4.3 展示了每个特征的描述性统计结果，包括最大值、最小值、均值和标准差等关键指标，从而帮助研究人员明确每个数值在不同变量中的相对位置。

表 4.3　描述性统计比较分析表

总体样本描述性统计

	CRIM	ZN	INDUS	NO$_x$	RM	AGE	DIS	RAD	PTRATIO	LSTAT	PRICE
Mean	0.596	0.259	0.456	0.513	0.509	0.457	0.531	0.502	0.414	0.512	0.499
Std	0.273	0.182	0.236	0.356	0.360	0.317	0.335	0.169	0.294	0.351	0.371
Max	1.000	0.929	0.98	1.000	1.000	0.858	1.000	0.780	0.976	1.000	1.000
Min	0.344	0.166	0.073	0.007	0.000	0.000	0.035	0.309	0.000	0.003	0.000
N	506	506	506	506	506	506	506	506	506	506	506

群体-I 样本描述性统计

	CRIM	ZN	INDUS	NO$_x$	RM	AGE	DIS	RAD	PTRATIO	LSTAT	PRICE
Mean	0.396	0.344	0.272	0.233	0.650	0.229	0.780	0.403	0.280	0.273	0.722
Std	0.049	0.222	0.126	0.210	0.331	0.243	0.240	0.045	0.252	0.233	0.271
Max	0.593	0.929	0.546	0.944	1.000	0.858	1.000	0.479	0.976	1.000	1.000
Min	0.344	0.166	0.073	0.007	0.001	0.000	0.140	0.309	0.000	0.004	0.008
N	261	261	261	261	261	261	261	261	261	261	261

群体-II 样本描述性统计

	CRIM	ZN	INDUS	NO$_x$	RM	AGE	DIS	RAD	PTRATIO	LSTAT	PRICE
Mean	0.809	0.170	0.652	0.812	0.359	0.699	0.265	0.608	0.557	0.766	0.261
Std	0.252	0.026	0.155	0.203	0.329	0.174	0.183	0.187	0.268	0.266	0.310
Max	1.000	0.365	0.980	1.000	1.000	0.858	0.993	0.78	0.891	1.000	1.000
Min	0.360	0.166	0.191	0.324	0.000	0.009	0.035	0.309	0.000	0.003	0.000
N	245	245	245	245	245	245	245	245	245	245	245

如表 4.3 所示，PRICE 的样本数据均值为 0.499，标准差为 0.371，最大值达到 1.000，最小值为 0.000。这表明样本数据的范围较广，显示出显著的差异性。同样地，城镇人均犯罪率 CRIM 的最大值为 1，最小值为 0.344，均值为 0.596，标准差为 0.273，这初步表明总体样本的分布范围广泛，存在一定的差异性。

通过对不同群体的描述性统计结果进行细致的比较分析，研究人员可以清晰地观察到各个群体在特征表现上存在着显著的差异。进一步深入观察表 4.3 中的数据，可以得到以下几点具体信息：首先，从均值的角度来看，相较于群体-I 和总体样本，群体-I 在 ZN、RM 与 DIS 这 3 个特征以及 PRICE 方面表现更为出色。具体来说，群体-I 的 ZN 较高，RM 较多，DIS 较短，这些因素共同作用下，导致了其 PRICE 相对较高。另一方面，在其他 6 个特征上，群体-II 的均值表现则明显优于群体-I 和总体样本。其次，尽管 PRICE 并未直接参与聚类算法的运行过程，但在不同群体中，其均值差异依然显著，这表明 PRICE 也会随着特征数据的聚类效果而产生不同的变化趋势，这一点与表 4.1 中的数据形成了相互印证的关系。此外，通过对比标准差、最大值、最小值以及样本数量等统计指标，研究人员同样可以发现一些细微的差异信息。综合以上分析，本文得出一个明确的结论：经过聚类算法的计算处理，数据能够有效地识别出具有不同特征数据的群体，并且能够揭示出与之对应的房价差异。这种差异化的分析结果，不仅有助于研究人员更好地理解各个群体的特征，还对房地产市场的研究和决策具有重要的参考价值。

综合表 4.2、表 4.3 所提供的数据，可以初步推断，在某一住宅区，如果房型在住宅用地所占比例(ZN)、每个住宅的平均房间数(RM)以及与五个波士顿就业中心的加权距离(DIS)具有明显优势，那么该区域的房价(PRICE)可能会相对较高。这表明住宅面积、房型的多样性以及就业的便利性对于提升房价具有积极作用。另一方面，如果在另一住宅区，低收入人群比例(LSTAT)、辐射高速公路的可达性指数(RAD)、一氧化氮浓度(NO_x)等指标较高，这可能预示着房价较高。由此可以推论，低收入的社区特征、较差的便利性和不良的空气质量，可能会对房价产生负面影响。

4.3.3　异质性群体命名

为了便于分析并精确描述特定群体的特征与属性，对通过聚类分析得到的异质性群体进行命名是必要的。命名规则通常包括以下几点。

(1) 命名应具有代表性。命名应基于能够准确反映群体主要特征和属性的描述。这些特征可以通过观察群体的可视化图形、描述性统计分析等直观方法获得，或者通过决策树分析等方法识别出对条件属性具有更强分类作用的特征。

(2) 命名应保持客观和中立。命名应避免使用带有强烈主观评价或歧视性语言的词汇。

(3) 名称应与语境相匹配。群体的名称应与其所属领域和语境相适应，符合专业术语的规范和惯例。例如，在市场营销领域，可以根据消费者群体的主要特征和属性来命名，如"时尚达人""年轻父母"等。这样的命名有助于迅速理解群体的特点和属性，从而更精确地制定营销策略和决策。

考虑到研究需求和后续研究目标，本文对根据描述性统计信息对聚类分析所得到的两个群体进行命名。其中，将群体-I 命名为"复杂结构型"，将群体-II 命名为"污染影响型"。命名的理由如下。

在两个群体中，房间数量的多寡存在显著差异。从特征平行坐标图和描述性统计表中可以看出，群体-I 的每个住宅的平均房间数(RM)明显高于群体-II，表明群体-I 的房间数更多，其房型使用范围可能比群体-II 更为多样，房型结构较为复杂。

同时，在两个群体中，污染物浓度的高低也存在明显差异。根据特征平行坐标图和描述性统计表，群体-I 中的 NO_x 明显较低，而群体-II 则相反。这表明群体-I 所在地区的污染物可能比群体-II 所在地区的污染物更少。

基于上述两个原因，群体-I 被命名为"复杂结构型"，群体-II 被命名为"污染影响型"。这样的命名不仅为后续研究提供了更清晰的分析视角，还为读者提供了适当的代入情境。

4.4 实现代码

基于 Python 代码展示 3 种重要的聚类和评估算法：K-Means 聚类、AP 聚类和肘部算法。K-Means 聚类是一种经典的聚类方法，在示例中，使用 scikit-learn 库中的 K-Means 类来实现，主要工作包括数据的导入，模型实例化和数据拟合可视化等。同样使用 scikit-learn 库中的 AffinityPropagation 类来实现 AP 聚类算法，并展示数据的导入，模型的实例化和数据拟合并可视化工作。肘部算法是一种用于确定最佳聚类数量的算法，在代码中展示了如何计算不同聚类数量下的误差平方和(SSE)并绘制肘部算法曲线来确定最佳聚类个数，以便选取聚类算法所需的聚类数量。最后，绘制波士顿房价数据集的聚类结果雷达图，在同一坐标轴中展示两类不同聚类的结果。

4.4.1 K-Means 聚类算法示例

本节展示 K-Means 聚类算法和可视化结果的 Python 代码。首先按照前文所述方法，导入必要的库，并生成一个含有 500 个样本，3 个中心的虚拟数据集。然后根据 K-Means 聚类方法将数据划分为三个类别，最后使用 matplotlib 库实现聚类结果的可视化，并标记聚类中心。

```
#本部分为肘部算法的实现代码，运行环境为Pycharm
#载入相关的库
import matplotlib.pyplot as plt
from sklearn.cluster import KMeans
from sklearn.datasets import make_blobs
#生成示例数据
X, y = make_blobs(n_samples=500, centers=3, random_state=42)
#KMeans 聚类
kmeans = KMeans(n_clusters=3, init= init='k-means++' random_state=42)
y_kmeans = kmeans.fit_predict(X)
plt.scatter(X[y_kmeans == 0, 0], X[y_kmeans == 0, 1], s=20, c='red', marker='s', label='Cluster 1')
plt.scatter(X[y_kmeans == 1, 0], X[y_kmeans == 1, 1], s=20, c='limegreen', marker='o', label='Cluster 2')
plt.scatter(X[y_kmeans == 2, 0], X[y_kmeans == 2, 1], s=20, c='yellow', marker='^', label='Cluster 3')
plt.scatter(kmeans.cluster_centers_[:,0],kmeans.cluster_centers_[:,1], s=20, marker='x', c='black', label='Centroids')
plt.show()
```

4.4.2 AP 聚类算法示例

本节展示 AP 聚类算法和可视化结果的 Python 代码。按前文所述方法，通过导入必要的库，并加载鸢尾花数据集(iris)，在不预先指定聚类数量的前提下，使用 AffinityPropagation 类对数据进行聚类，通过 matplotlib 库将聚类结果可视化，并标记聚类中心。

```
#本部分为肘部算法的实现代码，运行环境为Pycharm
#载入相关的库
```

```python
from sklearn.cluster import AffinityPropagation
from sklearn import datasets
import matplotlib.pyplot as plt
#加载鸢尾花数据集
iris = datasets.load_iris()
X = iris.data
#初始化 AP 聚类模型
af = AffinityPropagation(damping=0.7).fit(X)
#获得聚类标签和聚类中心
cluster_centers_indices = af.cluster_centers_indices_
labels = af.labels_
n_clusters_ = len(cluster_centers_indices)
#打印聚类中心数量和聚类标签
print('Estimated number of clusters: %d' % n_clusters_)
print("Cluster labels: ", labels)
#可视化聚类结果
colors=['#FF7F50','#87CEFA','#00FF7F','#FFC0CB','#FFD700','#4169E1','#FF1493']
markers = ['o', 's', 'D', '^', 'p', '*', 'X']
#plt.figure(figsize=(20, 20))   # 设置图形大小
for i in range(n_clusters_):
    plt.scatter(X[labels == i, 0], X[labels == i, 1],
                color=colors[i % len(colors)], marker=markers[i % len(markers)], s=20)
    plt.scatter(X[cluster_centers_indices[i], 0], X[cluster_centers_indices[i], 1],
                color='k', marker='x', s=30)
plt.title('AP Clustering')
plt.show()
```

4.4.3 肘部算法

本节展示实现肘部算法的 Python 代码,用于确定 K-Means 聚类的最佳个数,从 Boston 房价数据集中导入数据,并载入特征,计算并存储从 1 到 10 逐渐增加聚类数时误差平方和(SSE)的变化,通过 matplotlib 库将聚类数与对应的 SSE 值绘制成图表。研究者依此可观察 SSE 下降速率的变化(即"肘部"位置)来确

定最佳的聚类数。

```python
#本部分为肘部算法的实现代码，运行环境为Pycharm
#载入相关的库
import pandas as pd
import numpy as np
from sklearn.cluster import KMeans
import matplotlib.pyplot as plt
#读取csv数据
data = pd.read_csv('数据.csv')
#获取除了房价以外的特征
X = data.iloc[:, :10].values
#肘部算法
K=range(1,11)
SSE=[]
for k in K:
    model = KMeans(n_clusters=k,max_iter=100,random_state=1)
    model.fit(X)
    SSE.append(model.inertia_)
print(SSE)
#可视化
plt.plot(K,SSE,c='r')
plt.xlabel('Number of clusters')
plt.ylabel('SSE')
plt.show()
```

4.4.4 波士顿房价聚类特征雷达图

本节展示绘制多群体特征雷达图的 Python 代码，使用 matplotlib 库创建一个极坐标系图表，并为每个聚类群体绘制一个雷达图。每个雷达图表示该群体在不同特征上的平均表现，使用不同的颜色和填充区域来区分各个群体。

```python
#载入相关的库
import pandas as pd
import numpy as np
import matplotlib.pyplot as plt
from matplotlib import rcParams
```

```python
#显示中文
rcParams['font.family'] = 'SimHei'
#读取数据
data=pd.read_csv("正态云较准数据-KMeans-分割阈值0.5.csv",encoding='gbk')
#分组计算均值
mean_data = data.groupby("cluster").mean().iloc[:, 0:11]
#获取均值数据的列名和值
feature_names = list(mean_data.columns)
values = mean_data.values
#计算每个角度对应的位置
angles = np.linspace(0, 2*np.pi, len(feature_names), endpoint=False)
angles = np.concatenate((angles, [angles[0]]))
#绘制雷达图
fig, ax = plt.subplots(figsize=(20, 20), subplot_kw=dict(polar=True))
#遍历每个群体绘制雷达图
for i in range(len(values)):
    #获取当前群体的值
    curr_values = values[i, :]
    #计算闭合的数值
    stats = np.concatenate((curr_values, [curr_values[0]]))
    #绘制雷达图
    ax.plot(angles, stats, linewidth=2, label="群体"+str(i+1))
    ax.fill(angles, stats, alpha=0.25)
#设置坐标轴的刻度范围和标签字体大小
ax.set_ylim(0, 1.2 * np.max(values))
ax.tick_params(axis="x", labelsize=12)
ax.tick_params(axis="y", labelsize=12)
#添加坐标轴标签和标题
ax.set_thetagrids(angles[:-1] * 180/np.pi, feature_names, fontsize=15)
# ax.set_title("Mean Values of Top 10 Features by Clusters", fontsize=50, pad=40)
#添加图例
legend = ax.legend(loc="upper right", bbox_to_anchor=(1.3,1), fontsize=15)
for text in legend.get_texts():
    text.set_text(text.get_text().replace("群体-I", "群体-II"))
plt.show()
```

参考文献

[1] 赵玲，黄昊，2021. 基于同侪压力效应的分行业信息披露与企业费用粘性行为研究[J]. 管理学报，18(12)：1851-1859.

[2] BAN G Y，KESKIN N B，2021. Personalized dynamic pricing with machine learning: High-dimensional features and heterogeneous elasticity[J]. Management Science，67(09): 5549-5568.

[3] CELEBI M E，KINGRAVI H A，VELA P A，2013. A comparative study of efficient initialization methods for the K-Means clustering algorithm[J]. Expert systems with Applications，40(01): 200-210.

[4] FADER P S，HARDIE B G S，2007. How to project customer retention[J]. Journal of Interactive Marketing，21(01): 76-90.

[5] FREY B J，DUECK D，2007. Clustering by passing messages between data points[J]. Science，315(5814): 972-976.

[6] HAHSLER M，PIEKENBROCK M，DORAN D，2019. dbscan: Fast density-based clustering with R[J]. Journal of Statistical Software，91: 1-30.

[7] HORWITZ S K，HORWITZ I B，2007. The effects of team diversity on team outcomes: A meta-analytic review of team demography[J]. Journal of Management，33(06): 987-1015.

[8] HOU J，ZHANG A，QI N，2020. Density peak clustering based on relative density relationship[J]. Pattern Recognition，108: 107554.

[9] INSELBERG A，1985. The plane with parallel coordinates[J]. The visual computer，69-91.

[10] JOLLIFFE I T，CADIMA J，2016. Principal component analysis: a review and recent developments[J]. Philosophical transactions of the royal society A: Mathematical，Physical and Engineering Sciences，374(2065): 20150202.

[11] LI H，LIU Z，2021. Multivariate time series clustering based on complex network[J]. Pattern Recognition，115: 107919.

[12] RODRIGUEZ A，LAIO A，2014. Clustering by fast search and find of density peaks[J]. Science，344(6191): 1492-1496.

[13] SCHUBERT E，SANDER J，ESTER M et al. 2017. DBSCAN revisited, revisited: why and how you should (still) use DBSCAN[J]. ACM Transactions on Database Systems (TODS)，42(03): 1-21.

第5章 异质性群体对象的影响因素分析

影响因素分析构成了管理学研究的关键部分。通过运用机器学习算法对异质性群体的影响因素进行深入分析,不仅能识别出相对重要的特征变量,还能揭示变量间的非线性关系,并且能够阐释在不同群体中特征变量对因变量的交互作用。

5.1 问题描述

相较于传统回归技术,机器学习算法在分析特征的影响效应时通常会考虑数据特征的独立性,并在处理效应的异质性和变量间的非线性关系方面表现出显著的优势。首先,传统回归模型在研究异质性时,通常会引入交互项。然而,这种做法存在局限性,主要体现为在交互项的选择和具体形式的设定上具有主观性。一方面,在给定的数据集内,不可能将所有产生差异性结果的因素都纳入模型,这导致在选择交互项时存在偏见甚至随意性(胡安宁等,2021);另一方面,研究者对交互项具体形式的设定并不一定与数据生成过程的基本特征相吻合。此外,尽管乘法交互模型允许自变量的影响随着调节变量水平的变化而变化，但这仍然基于线性交互作用假设，即调节变量每增加一个单位，自变量对因变量的边际效用保持不变(Hainmueller et al., 2019)。然而，在许多情况下，变量间的交互作用并非线性，甚至可能是非单调的，这可能导致研究结论与数据结构特征不完全吻合。其次，传统回归方法在处理变量间的三重交互作用时已接近其能力极限，因此最多适用于解决三重线性问题，而无法分析复杂的非线性效应(陈效林等，2022)。相比之下，数据驱动的分析方法不受数据生成过程的限制，适用于结构化和非结构化数据，并通过特定算法揭示变量间的关联性，从而更准确地反映数据事实。

在不同的群体中，并非所有特征变量都会对结果变量产生相同的影响，且在各种数据样本中，特征变量的重要性也存在差异。在当前的管理学研究中，影响效应的争论通常集中在：相同变量在不同情境下产生的影响效应可能不同。DAC 认为，产生这种现象的一个原因在于，研究者往往将所有数据视为一个整体，并将得出的结论推广至总体，而忽略了样本之间的差异性。

因此，为了满足影响效应分析的需求，必须回答两个问题：

① 在不同类型群体中，哪些因素影响了结果变量？

② 在异质性群体中，变量的影响效应有何不同？

5.2 研究设计

决策树算法在分析影响因素的交互效应方面表现出色。多项研究结果已经证实，得益于决策树算法对非线性关系的建模能力，其在复杂环境下的预测结果更为可靠(Li et al., 2020)。Chen 等(2022)强调了决策树算法在数据挖掘领域的高效性和精确性。Feng 等(2017)通过应用随机森林模型和传统回归模型对共享单车使用情况进行分析，得出随机森林模型预测结果更为精确的结论。随着大数据时代的到来，传统的回归模型已无法满足研究者对数据信息挖掘的深度需求，而决策树算法因其对海量数据的强可解释性而备受青睐(Al-Omari, 2023)。陆瑶等(2020)运用 Boosting 回归树评估公司高管特征对公司绩效的预测能力，认为树模型能够利用非结构性数据构建难以直接观测的变量，有助于揭示目前尚未被解释性模型所证实的重要影响变量。此外，决策树算法能够高效处理不相关特征之间的联系。例如，在评估企业研发项目绩效时，由于影响维度众多且因素间相互独立，程平等(2022)采用 CART 决策树算法构建了研发项目绩效评价模型。

为了回答 5.1 节中提出的两个问题，本文根据聚类数据，将特征变量作为条件属性，将等级划分后的结果变量作为决策属性，运用决策树算法来挖掘异质性群组特征的影响效应。首先，通过构建各群组的决策树来回答问题①，即生成决策规则表，从而从宏观角度分析重要影响变量以及每条规则的支持度和置信度；同时，识别各群组结果变量的影响因素，探究特征变量对结果变量的具体影响。其次，结合两个方面，对各群组的影响效应进行比较分析，以解答问题②。研究思路如图 5.1 所示。

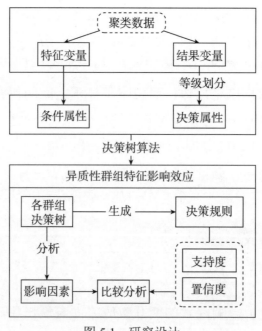

图 5.1　研究设计

本节后续详细介绍决策树模型基础，并利用 CART 决策树算法，通过波士顿房价数据集展示分析过程。

5.3　决策树模型基础

决策树模型广泛应用于人力资源管理、绩效预测、风险评估等多个领域(Cai,

2022；李海林等，2023；周文泳等，2022)。其构建过程涵盖了特征选择、数据划分、剪枝等关键步骤。随着研究的深入，决策树模型持续得到优化，其中 ID3、C4.5、CART 等决策树算法是目前广泛使用的。鉴于不同决策树在数据处理方面各有优势，研究者必须根据具体的研究需求来挑选合适的模型。

5.3.1 基本概念

决策树(Decision Tree)算法是一种基于归纳推理原理的分类和回归技术。其构建过程涉及遍历每个属性的分割方式，以识别并选取数据纯度提升最显著的特征作为节点。随后，根据属性的不同取值，建立分支，并对各分支下的数据重复此过程，直至递归终止。决策树的优势在于其较高的运行效率，但是有时树结构可能过于复杂，增加了解读其含义的难度。

一个典型的决策树由三个主要部分构成：根节点(决策节点)、内部节点和叶子节点。决策节点位于树的最顶端，负责决定数据应依据哪个特征进行初始分割；叶子节点位于树的最末端，代表分类或回归的最终结果；而介于两者之间的节点则为内部节点，它们根据特定特征(或变量)对数据进行分割，并将数据传递至相应的子节点。决策树的分支划分，关键在于选取一个最优特征及其最佳分割点，以实现数据集的有效划分，确保划分后子集中的同类样本尽可能集中，而不同类样本则尽可能分离。

决策树简易示意图如图 5.2 所示。

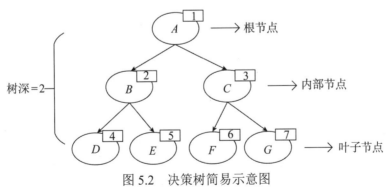

图 5.2　决策树简易示意图

不同的决策树算法在不同的场景下有不同的应用，需要根据具体情况进行选择。决策树可以分为以下几种基本类型。

(1) ID3 决策树(Quinlan，1986)：基于信息增益(Information Gain)的决策树，用于分类问题。信息增益计算公式为：

$$H(S) = -\sum_i p_i \log(p_i) \tag{5.1}$$

$$Gain(S, X) = H(S) - H(S|X) \tag{5.2}$$

式中，$H(S)$ 为总样本 S 的信息熵，$H(S|X)$ 为总样本中属性 X 的信息熵，p_i 为第 i 类样本在总样本中所占比值，$Gain(S, X)$ 为属性 X 的信息增益。

ID3 决策树算法倾向于选择具有更多取值的特征作为决策节点，容易受到数据维度和噪声的影响，因此适用于数据维度不高、噪声较少的场景。ID3 决策树算法如表 5.1 所示。

表 5.1　ID3 决策树算法

算法　ID3 决策树算法。
输入：训练集 A，包含 $\{a_1, a_2, ..., a_n\}$；属性集 B，包含 $\{b_1, b_2, ..., b_i\}$。
输出：决策树。
步骤：
(1) 创建一个决策树节点 N
(2) 　if A 中所有样本数据 $\{a_1, a_2, ..., a_n\} \in b_i$，则将 N 标记为叶子节点；
(3) 　　return 单节点决策树，$label = b_i$；
(4) 　if $B = \varnothing$，则将 N 标记为叶子节点；
(5) 　　 return 单节点决策树，$label$=样本中最常见属性；
(6) 　else：
(7) 　　计算每个属性的信息增益，选取信息增益最大的属性 b_k 作为划分属性；
(8) 　　for v in b_k 的每个可能取值 b_k^v：
(9) 　　　创建新的子节点，并将划分属性值设置为 b_k^v；
(10) 　　　从 A 中选取 b_k^v 的样本子集 $A_{b_k^v}$；
(11) 　　　if $A_{b_k^v} = \varnothing$：
(12) 　　　　将该子节点标记为叶子节点，$label$=样本中最常见属性；
(13) 　　　else：
(14) 　　　　在该节点下添加新的子树；
(15) 　　end for

通过挑榴莲的例子解释 ID3 决策树算法，榴莲样本数据如表 5.2 所示。

表 5.2　榴莲样本数据

计数(个)	果刺	果柄	颜色	形状	质量
80	尖角	新鲜	金黄	圆润	优
57	尖角	干瘪	金黄	细长	劣
26	钝角	干瘪	黑黄	细长	劣

续表

计数(个)	果刺	果柄	颜色	形状	质量
22	尖角	干瘪	青色	圆润	优
45	钝角	新鲜	青色	细长	劣
20	钝角	新鲜	黑黄	圆润	优
48	尖角	干瘪	金黄	细长	优

注：本表仅作算法解释使用。

首先，根据表 5.2 可知，优质榴莲的数量为 170，劣质榴莲的数量为 128，计算信息熵：

$$H(S) = -\sum_i p_i \log(p_i)$$
$$= -\frac{170}{298} \times \log\left(\frac{170}{298}\right) - \frac{298-170}{298} \times \log\left(\frac{128}{298}\right)$$
$$\approx 0.297$$

其次，计算各特征信息熵，以果刺为例。果刺分为尖角和钝角两种类型。样本中果刺为尖角的榴莲总数为 207 个，占总样本比例为 69.5%；果刺为钝角的榴莲总数为 91 个，占总样本比例为 30.5%。则以果刺为特征的信息增益为：

$$H_{果刺}(S|A) = 0.695 \times H(S|A_1) + 0.305 \times H(S|A_2)$$

果刺为尖刺的榴莲中优质榴莲数量为 150，劣质榴莲数量为 57，则：

$$H(S|A_1) = -\frac{150}{207} \times \log\left(\frac{150}{207}\right) - \frac{57}{207} \times \log\left(\frac{57}{207}\right) \approx 0.256$$

果刺为钝角的榴莲中优质榴莲数量为 20，劣质榴莲数量为 71，则：

$$H(S|A_2) = -\frac{20}{91} \times \log\left(\frac{20}{91}\right) - \frac{71}{91} \times \log\left(\frac{71}{91}\right) \approx 0.229$$

可知以果刺为特征的熵为：

$$H(S|A) = 0.695 \times 0.259 + 0.305 \times 0.229 = 0.249\,85$$

故果刺特征的信息增益为：

$$H(S) - H(S|A) = 0.297 - 0.249\,85 = 0.047\,15$$

同理可得果柄、颜色、形状特征的信息增益分别为：0.034 0，0.023 3，0.147 4。

可知形状特征的信息增益最大,因此根节点为形状。初始 ID3 决策树划分如图 5.3 所示。

图 5.3 ID3 决策树第一阶段划分

注:图中圆润、细长表示对形状的判断

接着,对右节点的榴莲样本重复以上计算,得到信息增益最大的特征为颜色,因此根据颜色对该节点样本进行划分。

至此,优质榴莲和劣质榴莲被全部划分完成,停止划分,结果如图 5.4 所示。

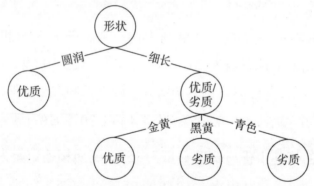

图 5.4 ID3 决策树第二阶段划分

(2) C4.5 决策树(Quinlan,1992):基于信息增益比(Gain Ratio)的决策树,用于分类问题。信息增益比计算公式如下:

$$Gain\_Ratio = \frac{Gain(S,X)}{H(X)} \tag{5.3}$$

式中,$Gain\_Ratio$ 为信息增益率,$Gain(S,X)$ 为属性 X 的信息增益,H 为属性 X 信息熵。

C4.5 决策树在 ID3 决策树的基础上进行改良,使用信息增益比(Gain Ratio)进行特征选取,常用于分类问题。C4.5 决策树不仅可以对取值数目较少的特征进行更好地处理,还可以通过对缺失值的处理来减少样本损失,因此适用于数据维度较高、噪声较多的场景。C4.5 决策树算法如表 5.3 所示。

表 5.3　C4.5 决策树算法

算法　C4.5 决策树算法
输入：训练集 A，包含 $\{a_1,a_2,...,a_n\}$；属性集 B，包含 $\{b_1,b_2,...,b_i\}$；阈值 α。
输出：决策树。
步骤：
(1)　创建一个决策树节点 N；
(2)　if A 中所有样本数据 $\{a_1,a_2,...,a_n\} \in b_i$，则将 N 标记为叶子节点；
(3)　　return 单节点决策树，$label = b_i$；
(4)　if $B = \varnothing$，则将 N 标记为叶子节点；
(5)　　 return 单节点决策树，$label =$ 样本中最常见属性；
(6)　else：
(7)　　计算每个属性的信息增益，选取信息增益最大的属性 b_k 作为划分属性；
(8)　　if b_k 的信息增益比 $GR_{b_k} < \alpha$：
(9)　　　return 单节点决策树，$label =$ 样本中最常见属性；
(10)　　else：
(11)　　　for i in b_k 的每个可能取值 b_k^v：
(12)　　　　根据 b_k^v 划分集合，构建子节点；
(13)　　　　对第 i 个子节点，递归建树；
(14)　　end for
(15)　return 决策树。

以挑选榴莲为例，解释 C4.5 决策树的运算过程，榴莲样本数据如表 5.2 所示。

以果刺特征为例，首先计算其信息增益，为 0.047 15(计算过程见 ID3 决策树部分)。

接着，计算果刺特征的信息熵：

$$H(S) = -\sum_i p_i \log(p_i) = -\frac{170}{298} \times \log\left(\frac{170}{298}\right) - \frac{298-170}{298} \times \log\left(\frac{128}{298}\right) \approx 0.297$$

果刺特征的信息增益率为：

$$Gain\_Ratio_{果刺} = 0.047\,15 / 0.297 \approx 0.158$$

同理，可算出果柄、颜色、形状特征的信息增益率，分别为：0.024、0.071、

0.505。选取信息增益率最大的形状特征为最初划分属性，则 C4.5 第一阶段划分如图 5.5 所示。

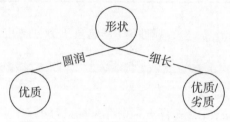

图 5.5 C4.5 决策树第一阶段划分

接着，对右节点中的榴莲样本重复以上计算，得到信息增益最大的特征为颜色，因此根据颜色对该节点样本进行划分。第二阶段划分结果如图 5.6 所示。

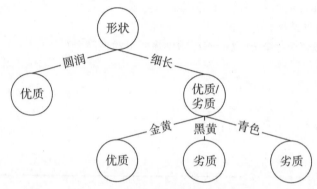

图 5.6 ID3 决策树第二阶段划分

至此，优质榴莲和劣质榴莲被全部划分完成，停止划分。

(3) CART 决策树(Grajski 等，1986)：既可以用于分类问题，也可以用于回归问题的决策树。当使用分类树时，CART 采用基尼系数(Gini Index)作为评价指标；当使用回归树时，CART 采用均方误差(MSE)作为评价指标。基尼系数计算公式为：

$$Gini = (T) = 1 - \sum_{i=1}^{c} P_i^2 \tag{5.4}$$

$$Gini(T, A) = \frac{|T_1|}{|T|} Gini(T_1) + \frac{|T_2|}{|T|} Gini(T_2) \tag{5.5}$$

式中，式(5.4)计算给定样本集 T 的基尼系数，P_i 表示样本集 T 中类别 i_i 的出现概率，C 为类别的总数量。式(5.5)表示在特征 A 的条件下，样本集 T 被划分为两个子集的基尼系数。基尼系数越小，说明模型的不纯度越低，样本被分错的概率越小，即特征划分数据集的效果越好。

均方误差(MSE)计算方法为：

$$MSE = \min_{A,s}\left[\min_{c_1}\sum_{x_i\in D_1(A,s)}(y_i-c_1)^2 + \min_{c_2}\sum_{x_i\in D_2(A,s)}(y_i-c_2)^2\right] \tag{5.6}$$

式中，A 为划分属性，s 为 A 对应的划分点，D_1 和 D_2 分别为被划分出来的两个数据子集，c_1、c_2 分别为 D_1、D_2 的样本输出均值。

CART 决策树算法可以处理连续特征和离散特征，因此适用于既有离散特征又有连续特征的场景。CART 决策树算法如表 5.4 所示。

表 5.4　CART 决策树算法过程伪代码

算法　CART 决策树算法

输入：数据集 $D^c = \{x_1, x_2, \cdots, x_{m-1}, x_m, y\}$，$c = 1, 2, \cdots, K$；条件变量 $A = \{A_i \mid i = 1, 2, \cdots, n\}$。

输出：所有决策规则。

步骤：

(1)　for each $i \in [1, n]$ do

(2)　　for $a_i \in A_i$ do

(3)　　　计算 Gini 系数的变化值 $\Delta_{Gini} = Gini(D^c) - Gini(D^c, a_i)$；

(4)　　　根据 Δ_{Gini} 最大的属性特征 A_i，将样本子集 D^c 划分为两个样本空间 D_1^c 和 D_2^c；

(5)　　　return 该节点对应的决策规则；

(6)　　　生成叶节点 a_i

(7)　　重复步骤 2 至步骤 6；

(8)　　返回所有的决策规则；

(9)　　end for

(10)　end for

同样以挑选榴莲为示例，添加"直径"数据，展示 CART 分类树的运算过程。榴莲样本数据如表 5.2 所示。

首先，分别计算数据集中分类属性(果刺、果柄、颜色、形状)的基尼系数，以基尼系数最小的属性为根节点。由基尼系数计算公式可算得：

$$Gini(D, 果刺) = \frac{|D_1|}{|D|}Gini(D_1) + \frac{|D_2|}{|D|}Gini(D_2)$$

$$= \frac{207}{298} \times \left(2 \times \frac{150}{207} \times \frac{57}{207}\right) + \frac{91}{298} \times \left(2 \times \frac{20}{91} \times \frac{71}{91}\right) \approx 0.3816$$

$$Gini(D, 果柄) = \frac{|D_1|}{|D|}Gini(D_1) + \frac{|D_2|}{|D|}Gini(D_2)$$

$$= \frac{145}{298} \times \left(2 \times \frac{100}{145} \times \frac{45}{145}\right) + \frac{153}{298} \times \left(2 \times \frac{70}{153} \times \frac{83}{153}\right) \approx 0.4167$$

$$Gini(D, 颜色) = \frac{|D_1|}{|D|}Gini(D_1) + \frac{|D_2|}{|D|}Gini(D_2) + \frac{|D_3|}{|D|}Gini(D_3)$$

$$= \frac{185}{298} \times \left(2 \times \frac{128}{185} \times \frac{57}{212}\right)$$

$$+ \frac{67}{298} \times \left(2 \times \frac{22}{67} \times \frac{45}{67}\right)$$

$$+ \frac{49}{298} \times \left(2 \times \frac{20}{46} \times \frac{26}{46}\right)$$

$$= 0.4507$$

$$Gini(D, 形状) = \frac{|D_1|}{|D|}Gini(D_1) + \frac{|D_2|}{|D|}Gini(D_2)$$

$$= \frac{122}{298} \times 0 + \frac{176}{298} \times \left(2 \times \frac{48}{176} \times \frac{128}{176}\right) \approx 0.234$$

其中，根据形状划分时的基尼系数最小，因此形状属性为最优特征。第一阶段 CART 分类树如图 5.7 所示。

图 5.7 CART 决策树第一阶段划分

其次，对右节点中的榴莲样本重复以上基尼系数计算，得到基尼系数最小的属性为颜色，因此根据颜色对该节点进行划分，生成 CART 决策树如图 5.8 所示。

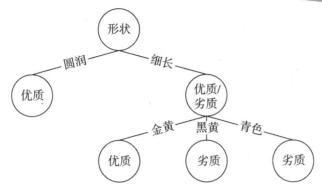

图 5.8　CART 决策树第二阶段划分

至此，优质榴莲和劣质榴莲被全部划分完成，停止划分。

从数学的角度看，决策树可以被视为一种基于递归分治策略的分段函数，其中每个节点表示函数的一部分。在构建决策树时，通过选择最优特征来将数据逐步分割，以最小化分类或回归误差。因此，决策树是一种逐步逼近真实函数的方法。

从管理学的视角，决策树可被视作一种决策辅助工具，旨在协助管理者作出明智的选择。该工具将复杂问题拆解为一系列更小的子问题，并为每个子问题提供明确的解决路径。借助决策树中的决策节点和分支，管理者能够迅速辨识潜在的风险与机遇，从而为制定长期战略提供有力支持。

5.3.2　建模步骤

以下以 CART 分类树为例，阐述决策树的构建过程。

(1) 挑选最佳特征：CART 分类树以基尼指数(Gini Index)作为其特征选择的标准。基尼指数的计算公式见式(5.4)和式(5.5)。

(2) 分割训练集：依据选定的最佳特征，将训练集划分为若干子集，每个子集对应一个分支节点。分裂后的每个子集都应尽可能地包含相同类别的数据。

(3) 递归构建树：对每个子集重复步骤(1)和(2)，直至满足停止条件。停止条件可能是树的深度达到预设的最大值，或者叶子节点中的样本数量降至设定的最小值。

(4) 剪枝处理：利用验证集对已构建的树进行剪枝，直至验证集的准确率达到最佳。剪枝可以采用预剪枝或后剪枝方法，其中预剪枝是在树构建过程中进行，而后剪枝则是在树构建完成后进行。

综上所述，CART 决策树的建模流程包括选择最佳特征、分割训练集、递归构建树、剪枝处理以及生成决策树。在实际应用中，通过调整模型参数、优化特征选择和剪枝策略，可以进一步提升决策树的预测效能。

5.3.3 剪枝策略

理想的决策树通常具有较小的深度和较少的叶节点，以便于理解和解释。为了防止数据过拟合并增强模型对未知数据的预测准确性，实施剪枝(Pruning)是至关重要的。决策树的剪枝策略主要分为预剪枝(pre-pruning)和后剪枝(post-pruning)两种。

预剪枝策略涉及在决策树的构建过程中，对每个节点进行评估。如果当前节点的划分无法增强模型的泛化能力，则停止进一步划分该节点，并将其标记为叶节点。预剪枝可以通过设置树的最大深度、阈值等方法来实现。例如，ID3 决策树可以设置信息增益的阈值，C4.5 决策树可以设置信息增益率的阈值，而 CART 决策树则可以设置叶节点的最小样本数阈值。

后剪枝策略则是在决策树完全构建之后，从下往上检查非叶节点。如果将某个节点的子树替换为叶节点能够提高泛化性能，则执行替换操作。通过这种方式，后剪枝有助于优化决策树的结构，从而提升模型的整体性能。

5.3.4 决策规则

决策规则，亦可理解为特征或变量间的关联规则，通常用于揭示变量间的相关性，应用范围广泛，涵盖贸易经济、药理学、高等教育等多个领域。在 DAC 中，决策规则表是通过整理数值型决策树而得出的。依据决策规则表，就能够识别出总体样本中的关键特征，各个特征群组中的重要特征，以及决策规则的可信度等关键信息。

决策规则表主要包括特征值划分区间、支持度(Support)、置信度(Confidence)和结果变量状态。

支持度是指某一规则下的样本数占总样本数的比例，计算公式如下：

$$Support_i = \frac{D_i}{D} \times 100\% \tag{5.7}$$

式中，$Support_i$ 为第 i 条规则的支持度，D_i 为第 i 条规则的样本数量，D 为总样本数量。

置信度是指某一规则发生的条件概率，计算公式如下：

$$Confidence_i = \frac{C_i}{C} \times 100\% \qquad (5.8)$$

式中，$Confidence_i$ 为第 i 条规则的置信度，C_i 为第 i 条规则下支持该规则的样本数量，C 为该条规则的样本量。

5.4 决策树建模分析

为了更好地理解决策树算法的生成与研究作用，本节以 Sklearn 中波士顿房价数据为例，进行建模分析。

根据校准数据，将在 0.5 及以上水平的房价视为高房价，在 0.5 以下水平的房价视为低房价。根据聚类结果，将"CRIM""ZN""INDUS""NO$_x$""RM""AGE""DIS""RAD""PTRATIO""LSTAT"视为条件变量，将"PRICE"高低视为决策变量。首先，通过数值型决策树计算出决策规则，进行规则比较与分析。其次，通过 Dtreeviz 决策树分析各特征群组变量间的交互效应。

5.4.1 决策树生成与剪枝

首先，通过表 5.5 中代码构建决策树。

表 5.5 构建决策树代码

```
1   #构建决策树
2   import pandas as pd
3   from sklearn.tree import DecisionTreeClassifier
4   df_t = pd.read_excel(r"数据路径")
5
6   x=df_t.iloc[:,df_t.columns!='PRICE']
7   y=df_t.iloc[:,df_t.columns=='PRICE']
8   from sklearn.model_selection import train_test_split
9   Xtrain, Xtest, Ytrain, Ytest = train_test_split(x, y, test_size=0.2)
10    clf = DecisionTreeClassifier(random_state=100)
```

```
11    clf=clf.fit(x,y)
12
13    #数据型决策树可视化
14    from  sklearn import tree
15    target = df_t['PRICE']
16    basic_data = df_t.drop(['PRICE'],axis=1)
17    feature_name=["CRIM", "ZN", "INDUS", "NOx", "RM", "AGE", "DIS",
"RAD", "PTRATIO", "LSTAT"]
18    import graphviz
19    dot_data=tree.export_graphviz(clf,
20                               feature_names=feature_name,
21                               class_names=['低','高'],
22                               filled=True  ,
23                               rounded=True
24                               )
25    graph = graphviz.Source(dot_data.replace('helvetica','"Microsoft YaHei"'), encoding='utf-8')
26    graph.render(r'保存路径',)
27    [*zip(feature_name,clf.feature_importances_)]
28    graph.render(view=True, format="svg", filename="第0类决策结果")
```

生成的决策树如图 5.9 所示。

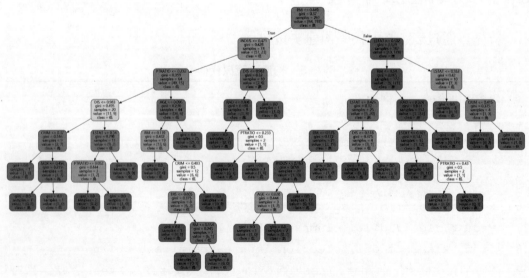

图 5.9 未剪枝"复杂结构型"群组决策树

根据图 5.9 的数据显示，在未实施预剪枝的情况下，"复杂结构型"群组决策树深度达到了 8 层，拥有 29 个叶子节点。然而，该决策树的泛化性能并不理想，这使得分析模型中的特征影响变得相当复杂。为了改善这一状况，对决策树进行预剪枝处理。CART 的预剪枝策略包括限定树的最大深度、阈值设定(设定叶子节点所需的最小样本数量)等方法。

(1) 限定树的最大深度。

在构建决策树之前，设定一个最大深度值。以"复杂结构型"群组的数据为例构建一个 CART，并通过设定最大深度来进行剪枝。通过观察数据，可发现当树的最大深度设定为 4 时，模型不仅具有较强的可解释性，而且泛化能力得到了提升。因此，将决策树的最大深度设置为 4。相应的处理代码详如表 5.6 所示。

表 5.6　决策树设置树深预剪枝代码

```
1   #构建决策树
2   import pandas as pd
3   from sklearn.tree import DecisionTreeClassifier
4   df_t = pd.read_excel(r"数据路径")
5
6   x=df_t.iloc[:,df_t.columns!='PRICE']
7   y=df_t.iloc[:,df_t.columns=='PRICE']
8   from sklearn.model_selection import train_test_split
9   Xtrain,Xtest,Ytrain,Ytest=train_test_split(x,y,test_size=0.2)
10  clf=DecisionTreeClassifier(random_state=100,
11  max_depth=4,  #设置树深为 4
12                )
13  clf=clf.fit(x,y)
14
15  #数值型决策树可视化代码省略
```

经过预剪枝处理的决策树如图 5.10 所示。

根据图 5.10 所示，决策树在经过预剪枝处理后，其深度被设定为 4 层，而叶子节点的总数为 14 个。与未经预剪枝的决策树相比，经过预剪枝的决策树结构更为简洁清晰，便于提取决策规则，并且在一定程度上增强了模型的预测性能。

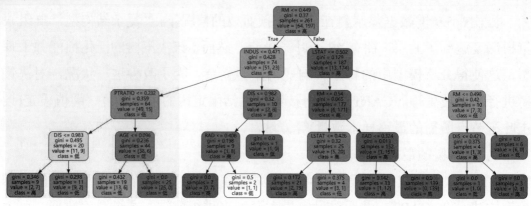

图 5.10　树深预剪枝后"复杂结构型"群组决策树

(2) 阈值设定。

在数据分析过程中，若数据集中的样本数量过少，可能会导致模型过拟合，从而降低分析结果的可信度。因此，在确定树的深度的同时，还需要设定子节点的最小样本数量。例如，将叶子节点的最小样本数量设定为全样本的 1%，具体的处理代码如表 5.7 所示。

表 5.7　决策树设置深度、阈值预处理代码

```
1   #构建决策树
2   import pandas as pd
3   from sklearn.tree import DecisionTreeClassifier
4   df_t = pd.read_excel(r"数据路径")
5
6   x=df_t.iloc[:,df_t.columns!='PRICE']
7   y=df_t.iloc[:,df_t.columns=='PRICE']
8   from sklearn.model_selection import train_test_split
9   Xtrain, Xtest, Ytrain, Ytest = train_test_split(x, y, test_size=0.2)
10  clf=DecisionTreeClassifier(random_state=100,
11                      max_depth=4,  #设置树深为 4
12  min_samples_leaf=0.01  #设置叶子节点最小样本数占总样本 1%
13                      )
14  clf=clf.fit(x,y)
15
16  #数值型决策树可视化代码省略
```

输出的决策树如图 5.11 所示。

由图 5.11 可知，设置阈值后的决策树树深为 4，叶子节点最小样本数为

12。相较于图 5.10,图 5.11 中叶子节点最小样本数为 4。

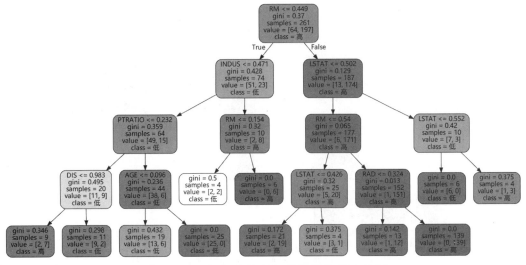

图 5.11 "复杂结构型"群组数值型决策树

(3) 手动剪枝。

在决策树预剪枝后,可能会出现两个问题:①叶子节点的置信度较低,导致规则分析意义不大;②规则划分之后决策属性不变,但置信度下降。此时需要手动对决策树进行剪枝,剪枝结果如图 5.12 所示。

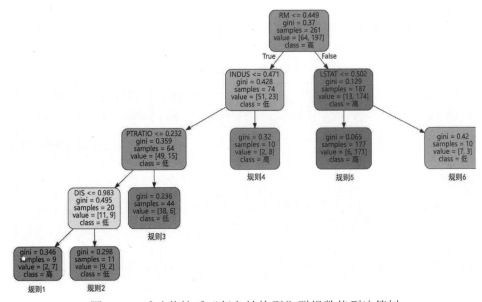

图 5.12 手动剪枝后"复杂结构型"群组数值型决策树

同样地,生成"污染影响型"群组房价数值型决策树,如图 5.13 所示。

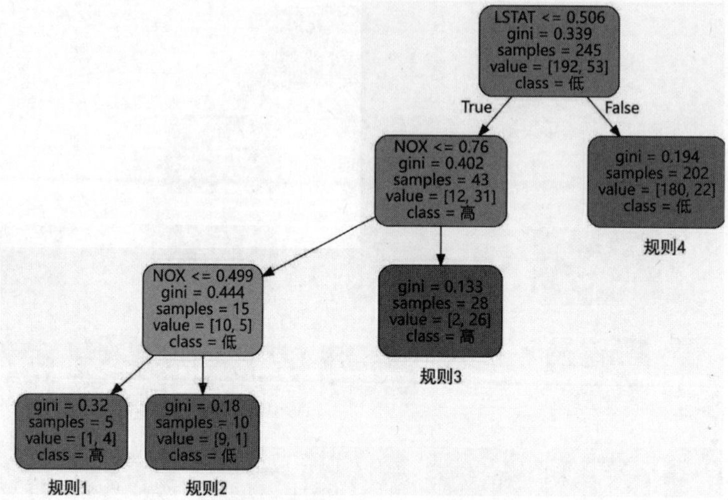

图 5.13 "污染影响型"群组房价数值型决策树

5.4.2 决策规则生成与分析

1. 决策规则生成

以"复杂结构型"群组决策树的第一条决策规则为例,计算该条决策规则的支持度和置信度。由图 5.12 可知,"复杂结构型"群组决策树样本共 261 条,第一条决策规则下样本数量为 9 条。通过支持度计算公式可得该决策规则支持度如下:

$$Support_{I1} = \frac{D_1}{D_I} \times 100\% = \frac{9}{261} \times 100\% \approx 3.45\%$$

同时,该条决策规则下 9 个样本中有 7 个样本支持这一决策规则,则其置信度如下:

$$Confidence_{I1} = \frac{C_1}{C_I} \times 100\% = \frac{7}{9} \times 100\% \approx 78\%$$

根据相同的计算方式计算每条决策规则的支持度和置信度,得到决策规则表如表 5.8 所示。

表 5.8 决策规则表

群组	CRIM	ZN	INDUS	NO$_x$	RM	AGE	DIS	RAD	PTRATIO	LSTAT	支持度/%	置信度/%	价格
"复杂结构型"群组	—	—	≤0.471	—	≤0.449	—	≤0.983	—	≤0.232	—	3.45	78	高
	—	—	≤0.471	—	≤0.449	—	>0.983	—	≤0.232	—	4.21	82	低
	—	—	≤0.471	—	≤0.449	—	—	—	>0.232	—	16.86	86	低
	—	—	>0.471	—	≤0.449	—	—	—	—	—	3.83	80	高
	—	—	—	—	>0.449	—	—	—	—	≤0.502	67.82	97	高
	—	—	—	—	>0.449	—	—	—	—	>0.502	3.83	70	低
"污染影响型"群组	—	—	—	≤0.499	—	—	—	—	—	≤0.506	2.04	80	高
	—	—	—	(0.499,0.76]	—	—	—	—	—	≤0.506	4.08	90	低
	—	—	—	>0.76	—	—	—	—	—	≤0.506	11.43	93	高
	—	—	—	—	—	—	—	—	—	>0.506	82.45	89	低

2. 决策规则分析

从特征组合的影响角度来看，在全部样本中，LSTAT 特征对房价的影响最为显著，两个不同类型的特征群组均受到其影响。进一步分析显示，对于"复杂结构型"群组而言，RM 变量的影响最为突出；而对于"污染影响型"群组，LSTAT 变量的影响最大。在"复杂结构型"群组中，当 RM 值不超过 0.449 时，与之组合较为频繁的特征是 INDUS 和 PTRATIO；而当 RM 值超过 0.449 时，与之组合较多的变量则变为 LSTAT。在这一群组中，无论 LSTAT 的值如何，唯一与其组合产生影响的变量是 NO$_x$。

从支持度和置信度的角度分析，每条决策规则的置信度均超过 70%，表明模型具有较高的解释能力。两个不同类型的特征群组在决策支持度方面存在显著差异。在第一类特征群组中，最高的决策支持度为 67.82%；而在第二类特征群组中，最高的决策支持度达到 82.45%。这说明这两种决策规则在各自的特征群组中具有较高的代表性。

在具体分析过程中，可以结合相关领域的理论知识对决策规则表进行解释。

5.4.3 影响因素分析

使用 Dtreeviz 决策树来展示影响因素分析，通常基于两个原因。首先，与数值型决策树相比，Dtreeviz 决策树能够揭示数据的分布特性，从而更明确地展示决策过程中的分割效果。其次，Dtreeviz 决策树的视觉效果更为吸引人，有助于激发读者的兴趣。

构建决策树并应用 Dtreeviz 进行可视化的代码详如表 5.9 所示，相应的输出结果分别展示在图 5.14 和图 5.15 中。

表 5.9　Dtreeviz 决策树可视化代码

```
1   #构建决策树
2   import pandas as pd
3   from sklearn.tree import DecisionTreeClassifier
4
5   data = pd.read_excel(r"数据路径")
6   labels=data['PRICE'].unique().tolist()
7   data['PRICE']=data['PRICE'].apply(lambda x:labels.index(x))
8   x=data.iloc[:,data.columns!='PRICE']
9   y=data.iloc[:,data.columns=='PRICE']
10
11  clf=DecisionTreeClassifier(random_state=100,
12                              max_depth=4,
13                              min_samples_leaf=0.01,
14                              criterion='gini')
15  clf=clf.fit(x,y)
16
17  #dtreeviz 决策树可视化
18  from dtreeviz.trees import dtreeviz
19  target = data['PRICE']
20  basic_data = data.drop(['PRICE'], axis=1)
21  feature_names=["CRIM", "ZN", "INDUS", "NOx", "RM", "AGE", "DIS", "RAD", "PTRATIO", "LSTAT"]
22  viz = dtreeviz(clf,
23                 basic_data,
24                 target,
25                 target_name='PRICE',
26                 feature_names=feature_names,
27                 class_names=['低', '高'] # need class_names for classifier
28                 )
29  viz.view()
```

通过两类特征群组的 Dtreeviz 决策树对影响因素进行分析。

(1)"复杂结构型"群组房价决策树如图 5.14 所示，阴影部分为决策规则中进行手动剪枝处理的部分。

根据图 5.14 可以观察到,"复杂结构型"房价受多个因素的影响,包括每个住宅的平均房间数(RM)、城镇非住宅用地的比例(INDUS)、低收入人群比例(LSTAT)、城镇的师生比例(PTRTIO)、与波士顿五个就业中心的加权距离(DIS)、1940 年以前建成的所有者占有单位的比例(AGE)以及与辐射高速公路的可达性指数(RAD)。通过分析特征变量的重要性,可以得出各因素的重要性排序,依次为 0.61、0.19、0.08、0.05、0.04、0.03、0.01。

从直方图的分布情况来看,RM 是影响数据划分的关键因素。以 0.45 作为划分阈值,当 RM 超过 0.45 时,房价较高的可能性较大;反之,当 RM 低于 0.45 时,房价较低的可能性较大。划分层数的增加有助于更清晰地区分房价的高低属性。

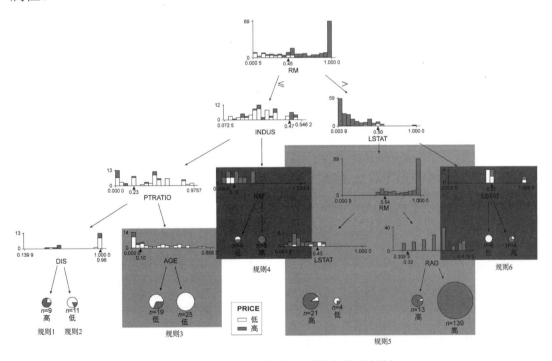

图 5.14 "复杂结构型"群组房价决策树

观察叶子节点的饼图可以发现,在不同的决策规则下,房价高低的概率存在差异。在实际分析中,结合数值型决策树、决策规则以及管理学理论来解释这些重要因素的组合是必要的。

(2) "污染影响型"群组房价决策树如图 5.15 所示,图中的阴影部分代表了决策规则中经过手动剪枝处理的区域。

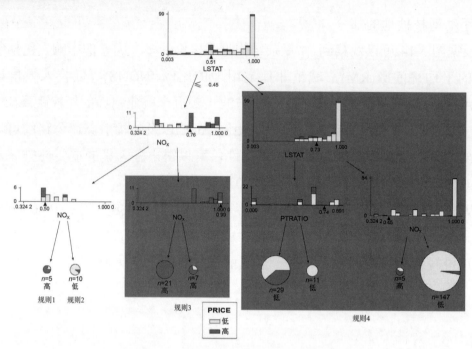

图 5.15 "污染影响型"群组房价决策树

根据图 5.15 可以观察到,"污染影响型"群组的房价受到多个因素的影响,包括 LSTAT、NO_x 以及 PTRATIO。通过分析特征变量的重要性,可以看到这些指标的重要性依次为 0.65、0.3 和 0.05。

从柱状图的分布来看,LSTAT 是区分数据的关键指标,其划分点为 0.51。当 LSTAT 低于 0.51 时,房价较高的可能性较大;反之,当该比例高于 0.51 时,房价则倾向于较低。随着划分层数的增加,房价的高低属性被划分得更为清晰。观察叶子节点的饼图,可以发现在不同的决策规则下,房价高低的概率存在差异。

数值型决策树与 Detreeviz 决策树之间的主要区别在于:①Detreeviz 决策树的剪枝过程较为复杂,但它通过直方图和饼图提供了更丰富的决策信息;②数值型决策树在展示样本数量和基尼指数方面更为直观。在实际应用中,用户可以根据自己的需求进行选择。

在进行实际分析时,结合数值型决策树、决策规则以及管理学理论来解释关键影响因素的组合是至关重要的。这有助于解答本章提出的第一个问题:在不同类型群体中,哪些因素影响了结果变量?

5.4.4 规则比较

在深入分析了各种群组的影响因素及其组合效应之后，接下来需要对决策规则进行比较分析，以解答本章节所提出的第二个问题：在异质性群体中，变量的影响效应有何不同？本分析主要分为两部分，即组间比较和组内比较。

(1) 组间比较。DAC 的逻辑是通过识别不同特征群组的影响因素及其相互作用，来获得具有针对性的分析结果，进而为实践提供指导。通过对特征群组间影响因素及其相互作用的比较，可以更深入地理解不同特征群组之间的差异，并验证 DAC 的分类逻辑。

利用决策树算法，可发现两个特征群组的主要影响变量存在差异。"复杂结构型"房价的主要影响变量包括每个住宅的平均房间数(RM)、城镇非住宅用地的比例(INDUS)、低收入人群比例(LSTAT)、城镇的师生比例(PTRATIO)、与五个波士顿就业中心的加权距离(DIS)、在 1940 年之前建成的所有者占用单位的比例(AGE)，以及辐射高速公路的可达性指数(RAD)；而"污染影响型"群组的主要影响变量则为低收入人群比例(LSTAT)、氮氧化物浓度(NO_x)、城镇的师生比例(PTRATIO)。尽管这两类特征群组存在共同的影响变量，但通过特征变量重要性分析，可发现相同的影响变量在不同群组中的重要性存在差异。

(2) 组内比较。规则间的差异主要表现在不同规则下决策变量状态的差异(如"高"或"低")以及叶子节点状态的概率上。通过组内比较，可以作出相对确定的决策和不确定性决策。

通过规则分析，当某一父节点的叶子节点显示房价高低不同时，开发商可以根据决策结果制定相对确定的定价策略，消费者则可以根据决策结果和自己的消费水平作出相对确定的选择。当某一父节点的叶子节点显示房价高低相同时，开发商和消费者则可以根据饼图概率作出不确定性判断。例如，在"复杂结构型"群组中，规则 3 和规则 4 的叶子节点都为高，但规则 4 中房价高的概率有所降低。在这种情况下，开发商可以根据实际的销售情况对房价进行调整，消费者则可以根据规则结果进行多方比对，获取更多购房信息，再决定是否购买。

参考文献

[1] 程平，晏露，2022. 基于 CART 决策树算法的企业研发项目绩效评价研究[J]. 财会月刊，940(24): 30-37.

[2] 陈效林，刘业深，宋哲，2023. CEO 特征与新创企业战略惯性——来自 C4.5 决策树的经验证据[J]. 科技进步与对策，40(13)：60-70.

[3] 胡安宁，吴晓刚，陈云松，2021. 处理效应异质性分析——机器学习方法带来的机遇与挑战[J]. 社会学研究，36(01): 91-114.

[4] 李海林，龙芳菊，林春培，2023. 网络整体结构与合作强度对创新绩效的影响[J]. 科学学研究，41(01): 168-180.

[5] 陆瑶，张叶青，黎波，等，2020. 高管个人特征与公司业绩——基于机器学习的经验证据[J]. 管理科学学报，23(02): 120-140.

[6] 周文泳，冯丽霞，段春艳，2022. 基于不平衡数据的公司破产预测研究[J]. 同济大学学报(自然科学版)，50(02): 283-290.

[7] AL-OMARI M，QUTAISHAT F，RAWASHDEH M，et al.，2023. A boost tree-based predictive model for business analytics[J]. Intelligent Automation and Soft Commputing，36(01): 515-527.

[8] CAI W，2022. HRM risk early warning based on a hybrid solution of decision tree and support vector machine[J]. Wireless Communications & Mobile Computing(01):1-7.

[9] CHEN J，CHEN S，WANG W，2022. Research on Enterprise HRM Effectiveness Evaluation Index System Based on Decision Tree Algorithm[J]. Wireless Communications & Mobile Computing(04):1-7.

[10] FENG Y，WANG S，2017. A forecast for bicycle rental demand based on random forests and multiple linear regression. In: Proceedings of the IEEE/ACIS 16th International Conference on Computer and Information Science (ICIS): 101-105.

[11] GRAJSKI K A，BREIMAN L，VIANA DI P，1986. Classification of EEG spatial patterns with a tree-structured methodology: CART[J]. Biomedical Engineering，33(12): 1076-1086.

[12] HAINMUELLER J, MUMMOLO J, XU Y, 2019. How much should we trust estimates from multiplicative interaction models? Simple tools to improve empirical practice[J]. Political Analysis, 27(02):163-192.

[13] LI Y, WANG X, CHE C, et al., 2020. Exploring firms' innovation capabilities through learning systems[J]. Neurocomputing(409): 27-34.

[14] QUINLAN J R, 1986. Induction of decision trees[J]. Machine Learning, 1(08):81-106.

[15] QUINLAN J R, 1992. C4.5: Programs for machine learning[M]. Burlington: Morgan Kaufmann Publishers Inc.

第 6 章
异质性群体对象的因素影响路径分析

在获取了"复杂结构型"和"污染影响型"的典型决策规则之后,为了深入分析这些规则中条件变量与决策变量之间的内在作用机制,采用贝叶斯网络模型显得尤为重要。在此之前,必须运用爬山算法来确定规则中条件变量与决策变量之间的依赖关系。为了便于使用贝叶斯网络模型深入探究变量间的作用关系,本章以 0.5 作为阈值,对规则中的条件变量进行高低等级的划分。随后,利用 Netica 软件进行条件变量与决策变量之间的灵敏度分析,以揭示变量间的关联性、贡献度以及影响路径,并深入理解不同等级决策变量产生的复杂原理。

6.1 问题描述

第 5 章不仅揭示了影响异质性群体的关键因素,还探究了这些因素的取值范围以及它们如何相互作用,从而导致研究对象出现差异性结果,然而尚未掌握研究变量之间的关联性、影响路径,以及它们相互作用的具体过程。换言之,对"条件变量→决策变量"的内在作用机制,即"黑箱"尚缺乏了解。针对同质性群体，从变量内部作用机制的角度出发，通过剖析典型决策规则中条件变量与决策变量之间的关联性、影响路径和作用过程，可以深入理解异质性结果产生的复杂原理，进而为提升研究结果质量提供针对性的策略和方案。本章旨在分析异质性群体中条件变量之间以及条件变量对决策变量(因变量)的影响路径，以更清晰地揭示变量之间的作用机制。本章重点解决以下3个问题：

① 哪些策略或路径能有效促进决策变量(因变量)向目标发展？

② 在现有条件下，如何预判目标因变量呈现何种发展趋势？

③ 某个前因变量的变化是由什么引起的，以及这一前因变量对目标因变量有何影响？

6.2 研究设计

为了揭示典型决策规则中"条件变量→决策变量"内部作用机制的"黑箱"，本节运用爬山算法来识别规则内条件变量之间的依赖关系，并利用决策树分析结果来确定条件变量与决策变量之间的依赖关系，从而构建贝叶斯网络的基础模型。随后，通过贝叶斯网络分析软件Netica，本节深入探究典型决策规则中变量之间的影响路径和作用机制，并进行条件变量与决策变量之间的灵敏度分析。详细的思路如图6.1所示。

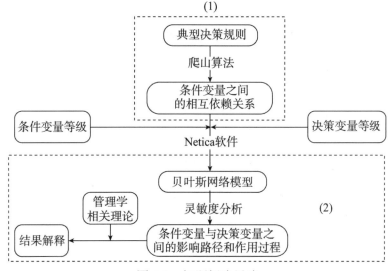

图6.1 问题解决思路

(1) 变量之间的相互依赖关系。针对每一条典型决策规则，本文采用爬山算法，基于规则中的条件变量，揭示这些变量之间的相互依赖关系，从而完成贝叶斯网络结构的初步构建。鉴于决策变量是多个条件变量共同作用的产物，本文将决策变量纳入初始贝叶斯网络结构，并让条件变量对结果变量产生影响，以实现贝叶斯网络基础模型的构建。

(2) 影响路径与过程分析。贝叶斯网络模型是一种强大的大数据技术方法，能够解析变量间的作用路径和过程。本节引入贝叶斯网络模型，以分析典型决策规则中影响因素对结果变量的作用路径和过程。为了增强数据结果的可解释性，本文从管理学视角出发，运用现有的管理学理论对这些变量之间的影响路径和过程进行阐释。

6.3 贝叶斯网络

贝叶斯网络(Bayesian Network，BN)是复杂系统影响因素研究中所采用的重要工具，尤其适用于异质性群体对象的因素影响路径分析。贝叶斯网络模型作为一种概率图模型，通过有向无环图表示变量之间的依赖关系，由网络结构和条件概率表组成。其学习过程包括结构学习和参数学习两个关键步骤。结构学习可采用基于约束、评分的方法或混合方法。爬山算法是一种常用的基于评分的方法，通过局部搜索不断优化网络结构。参数学习则主要依赖最大似然估计或贝叶斯估计。此外，敏感度分析在评估模型稳定性和识别关键影响因素方面发挥重要作用。在异质性群体研究中，贝叶斯网络能够构建群体特定模型，比较网络结构差异，分析因素间的影响路径，从而揭示不同群体间的关键影响因素差异。贝叶斯网络模型为理解复杂系统中的因果关系和影响机制提供了有力的分析框架。

6.3.1 基本概念

贝叶斯网络利用图形化的方式表达网络内各信息元素之间的因果关系及其影响程度。它依托于坚实的数学基础和概率论推理能力，能够对复杂且不确定的问题进行建模和推理(姜坤，2018；Zhou et al.，2020)，在不确定性条件下的系统可靠性建模和决策分析中具有重要作用(Kyrimi et al., 2020；Adedipe et al., 2020)。例如，Hossain 等(2020)在分析了地理、服务提供和维修通道类型之后，识别出与港口中断及其供应链绩效相关的因素，并通过贝叶斯网络的运用，可视化了这些因素之间的相互依赖关系。通过信念传播和敏感性分析，他们发现环境因素和供应商的响应能力对港口中断和供应链绩效有显著影响。

贝叶斯网络由多个节点和有向边构成。这些结构代表了事件之间的依赖关系。节点可以是基本事件或变量，并分为根节点、中间节点和叶节点。有向边连接两个节点，表示它们之间存在依赖关系。根节点的概率通过先验概率来表示。这些概率通常基于过往经验、历史数据或专家评估得出。非根节点的概率则需要通过训练数据集来确定条件概率表(Conditional Probability Table, CPT)。有了先验概率和条件概率，就可以计算出在不同情况下基本事件发生的概率。以如图 6.2 所示中的简单贝叶斯网络为例，A、B、C、D、E 分别代表一个网络节点或基本事件。

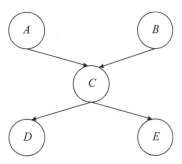

图 6.2　简单贝叶斯网络

以中间节点 C 为例，其变量用 $(C_1, C_2, \cdots, C_n)$ 表示，满足 $P(C_1) + P(C_2) + \cdots + P(C_n) = 1$。同理，节点 A、B、D、E 可以用相同的方法表示。参照许保光等(2020)的文献，贝叶斯网络中的节点也满足概率独立性特征，如果节点 $V_1, V_2, \cdots, V_n$ 相互独立，则其联合概率分布 $P(V_1, V_2, \cdots, V_n)$ 可依据独立性原则分解为较为简单的分布，即

$$P(V_1, V_2, \cdots, V_n) = P(V_1)P(V_2) \cdots P(V_n) \tag{6.1}$$

根据条件概率公式及节点独立性性质，$P(V_1 V_2) = P(V_1)P(V_2|V_1)$。同理，可以将节点 $V_1, V_2, \cdots, V_n$ 的联合概率推广分解为直观简洁的条件概率乘积：

$$P(V_1, V_2, \cdots, V_n) = P(V_1)P(V_2|V_1)\cdots P(V_n|V_1V_2\cdots V_{n-1}) \tag{6.2}$$

设 $\in(V_i)$ 是 V_i 的父节点，在满足独立性条件下，式(6.2)可以进一步表示如下：

$$P(V_1, V_2, \cdots, V_n) = \prod_{i=1}^{n} P(V_i|\in(V_i)) \tag{6.3}$$

为了更深入地理解贝叶斯网络在现实世界中的应用，以下通过一个关于疾病的案例来阐释不同变量之间的依赖关系(廖杨月，2020)。如图6.3所示，通过对病人的医疗记录进行分析，发现吸烟可能引发肺癌和支气管炎。同时，无论是肺癌还是支气管炎，都可能需要通过 X 光片来诊断病情。此外，肺癌和支气管炎都可能引发呼吸困难这一症状。在这些变量中，吸烟的概率被定义为先验概率 $P(S)$，而肺癌的概率则受到吸烟这一因素的影响，因此表示为条件概率 $P(C|S)$。类似地，支气管炎、X 光片和呼吸困难的条件概率分别表示为 $P(B|S)$、$P(X|C,S)$ 和 $P(D|C,B)$。以呼吸困难这一变量为例，在其父节点肺癌和支气管炎的影响下，可以构建一个条件概率表：当肺癌和支气管炎均未发生时，呼吸困难不发生的概率为 0.9，发生的概率为 0.1；若肺癌未发生而支气管炎发生，则呼吸困难不发生的概率为 0.3，发生的概率为 0.7；若肺癌发生而支气管炎未发生，则呼吸困难不发生的概率为 0.2，发生的概率为 0.8；若肺癌和支气管炎均发生，则呼吸困难不发生的概率为 0.1，发生的概率为 0.9。基于这些变量的先验概率和条件概率，可以通过贝叶斯公式计算出在不同情况下这些变量发生的概率。

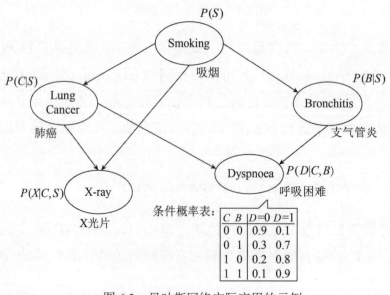

图 6.3　贝叶斯网络实际应用的示例

6.3.2 结构学习与参数学习

贝叶斯网络模型利用有向图的构建来描绘变量间的依赖性和概率关系，以及依赖的强度，是一种用于处理不确定性和概率问题的数学模拟技术(敦帅等，2021)。在贝叶斯网络分析中，结构学习和参数学习是两个关键组成部分(史惠婷等，2021)。结构学习旨在构建网络中变量间的依赖结构，而参数学习则基于这些依赖关系来调整变量的先验概率和条件概率。

在结构学习的早期阶段，研究人员依靠所掌握的领域知识来确定变量间的逻辑依赖关系。然而，这种方法带有主观性，并且随着网络节点数量的增加，变量之间的关系变得越来越复杂，仅凭研究人员所掌握的知识来构建贝叶斯网络结构变得异常困难。随着计算机技术的不断进步，传统的专家知识方法逐渐被机器学习算法所替代(Sun et al., 2019)，并且已被广泛采纳。其中，爬山算法是应用较为普遍的一种(Liu et al., 2022)。

在参数学习方面，在贝叶斯网络中，根节点代表事件的起始状态，其概率被称为先验概率，不受网络中其他条件变量的限制或影响，可以通过历史数据或专家评分来确定(敦帅等，2021)。非根节点的概率称为条件概率，容易受到其父节点概率变化的影响。基于节点间的依赖关系，父节点对子节点影响的推理过程被称为贝叶斯学习。在贝叶斯学习中，不同的节点代表不同的变量，有向弧线表示变量之间的依赖关系。通过设定先验概率，并应用概率论的基本原理，可以推导出影响因素与结果变量之间的相关性。

6.3.3 爬山算法

爬山算法，作为一种启发式算法(PE et al., 1968)，具备寻找局部最优解和近似最优解的卓越性能，能够客观地揭示变量间的实际依赖关系。它是确定贝叶斯网络结构的方法之一(王月，2019；Hu et al., 2022)。该算法从数据出发，通过训练已知数据来揭示变量间的依赖关系。其中需要特别关注两个核心要素：一是用于评估网络结构质量的评分函数，二是用于寻找最优网络结构的搜索策略。爬山算法从一个随机的初始解决方案开始，通过不断迭代，从父解决方案转移到子解决方案，直至无法找到更优的子解决方案为止。在此过程中，该算法利用 BIC 评分函数(Lv et al., 2021)来评估结构与样本数据之间的拟合程度，拟合度越高，评分也相应更高。通过爬山算法，可以从数据中提取特征变量与结果变量之间的依赖关系(表6.1)，这有助于利用贝叶斯推理清晰地揭示变量间的内在作用机制。

表 6.1 基于爬山算法的贝叶斯学习

算法：贝叶斯学习

输入：初始贝叶斯网络结构 G_0；互信息的阈值 e；贝叶斯网络评分函数 f。

输出：贝叶斯网络结构 G^*。

步骤：

(1) for 初始贝叶斯网络结构中的节点变量 X_i 和 X_j：

(2) 计算二者的互信息：$I(X_i, X_j) = \sum_{X_i, X_j} P(X_i, X_j) \log \frac{P(X_i, X_j)}{P(X_i)P(X_j)}$；

(3) if $I(X_i, X_j)\, e$ then

(4) 在初始网络结构 G_0 中增加一条边 $X_i \rightarrow X_j$；

(5) end if；

(6) end for；

(7) Old_Score= $f(G_0 | D)$；

(8) for 对于每个经过加边、减边更新后的网络结构 G^*；

(9) Temp_Score= $f(G^* | D)$；

(10) If Temp_Score > Old_Score, then；

(11) $G^* \leftarrow G_0$；更新当前的 Old_Score；

(12) end if；

(13) end for；

(14) Until 网络评分不再改变或网络结构不再更新；

(15) return 最终的贝叶斯网络结构 G。

6.3.4 敏感度分析

贝叶斯推理过程通常分成两步，分别涉及变动父节点的先验概率和中间节点的条件概率(敦帅等，2021；陈强等，2021；蒋天颖，2011)。具体如下。

第一步，先进行概率改变下节点之间的关联度分析。通过改变父节点的概率值，可以推理出后续一系列子节点概率的变动程度。变动程度称为关联度。父节点与子节点之间的关联度计算公式如下：

$$\gamma = \frac{R_S^1 - R_S^0}{R_f^1 - R_f^0} \times 100\% \tag{6.4}$$

式中，R_f^1 表示父节点变动后的概率值，R_f^0 表示父节点变动前的概率值，R_S^1 表示子节点受影响后的概率值，R_S^0 表示子节点受影响前的概率值。

第二步，子节点的条件概率改变，其父节点的贡献度分析。改变子节点的概率值来推理父节点概率值的贡献度，计算公式如下：

$$\eta = \frac{P^1 - P^0}{P^0} \times 100\% \tag{6.5}$$

式中，P^0 表示调整子节点前父节点的概率值，P^1 表示调整子节点后父节点的概率值。

6.4 复杂因素的影响路径案例分析

在第 5 章中，通过 CART 算法构建的决策树，我们能够识别出哪些条件变量共同作用于决策变量的取值，并且能够确定这些条件变量的取值范围，然而，仍缺乏对这些变量之间内在作用机制的理解。具体来说就是尚未解答研究变量之间存在何种依赖关系、影响路径以及作用过程。深入探讨这些问题，将有助于我们更深刻地理解不同结果变量产生的复杂原理，并为研究提供实现高价值结果变量的策略和方法，同时减少获得低价值结果变量的风险。因此，对每条决策规则背后的条件变量与结果变量之间的内部作用机制进行深入分析是必要的。但是，第 5 章所介绍的许多决策规则支持度和置信度均较低，这降低了规则的解释力和可信度，可能导致研究结论的代表性不足。鉴于此，本文筛选出具有代表性的决策规则，并在后续专注于对这些典型规则的分析。

为了提高规则的解释力度，本文建议以支持度不低于 10%且置信度不低于 80%作为典型决策规则的筛选条件，但也可以根据具体课题设置合理有效的筛选条件。在 Boston 房价案例中，以支持度不低于 10%且置信度不低于 80%作为筛选条件，获得典型决策规则 $F_①$、$F_②$、$S_①$ 和 $S_②$，如表 6.2 所示。

表 6.2　典型决策规则汇总表

		INDUS	NO$_x$	RM	PTRATIO	LSTAT	支持度(%)	置信度(%)	PRICE
复杂结构型	$F_①$	≤0.471	—	≤0.449	>0.232	—	16.86	86	低
	$F_②$	—	—	>0.449	—	≤0.502	58.24	99	高
污染影响型	$S_①$	—	>0.76	—	—	≤0.506	11.43	93	高
	$S_②$	—	>0.447	—	—	>0.506	60	97	低

6.4.1　贝叶斯网络结构学习

1. 典型决策规则的数据筛选

在进行贝叶斯网络结构学习之前，需要获取每条典型决策规则解释的所有数据。因此，本文分别基于"复杂结构型"和"污染影响型"数据，根据对应典型决策规则中的每个条件变量取值范围，依次在 Excel 表格单元中输入 if 判断语句，进而获取每条典型决策规则解释的所有数据。以"复杂结构型"数据的典型决策规则 $F_①$ 为例。"复杂结构型"数据共有 261 条，INDUS、RM 和 PTRATIO 分别是典型决策规则 $F_①$ 的条件变量，假设它们分别在 Excel 的第 A 列、第 C 列和第 B 列。依据条件变量 INDUS≤0.471、RM≤0.449 和 PTRATIO>0.232，依次在 Excel 空白单元格中输入公式"=if(A2<0.471,1,0)"、"=if(C2<0.049,1,0)"和"=if(F2>0.232,1,0)"，并下拉获取表中所有数据的填充结果，式中"1"和"0"分别表示满足条件和不满足条件。最后，筛选 3 个条件变量判断结果均为"1"的所有数据，共 44 条，如图 6.4。

	A	B	C
1	INDUS	PTRATIO	RM
32	0.112766948	0.975680851	0.218202009
33	0.33570213	0.424536038	0.19829412
34	0.291302878	0.477336063	0.157948338
35	0.285811607	0.499655181	0.122706673
36	0.460157518	0.377326454	0.443792289
37	0.33570213	0.424536038	0.128361715
38	0.247867597	0.652882538	0.35382918
39	0.33322777	0.244524659	0.394871704
40	0.291302878	0.477336063	0.150471363
41	0.356266992	0.524871732	0.411581406
42	0.214733716	0.401829355	0.32416312
43	0.391921101	0.853643158	0.216934377
44	0.280829134	0.49602837	0.438812944
45	0.285811607	0.499655181	0.257424771

图 6.4　典型决策规则 $F_①$ 所解释的数据

按照上述步骤，依次获取典型决策规则 $F_②$、$S_①$、$S_②$ 和 $S_③$ 所解释的数据。筛选出的这些数据将用于后续贝叶斯网络基础模型构建。

2. 变量依赖关系的构建

第5章介绍了决策规则中的条件变量对决策变量产生影响,而决策变量的取值是由条件变量的共同作用所决定的。然而,条件变量是如何协同作用的?它们之间存在何种依赖关系和相互作用?通常,研究人员结合实践经验与领域知识来评估这些变量之间的依赖关系。但这种方法带有主观性,并且随着变量数量的增加,它们之间的关系变得越来越复杂,使人难以清晰地辨识这些复杂关系。为了客观且全面地揭示条件变量之间的相互依赖性,本文采取了以数据驱动的方法,利用爬山算法从数据的内在客观规律出发,探索典型决策规则中条件变量之间的相互依赖关系。具体的操作代码和结果如图6.5所示。

```
#导入需要用到的包
import pandas as pd
from pgmpy.estimators import BicScore
from pgmpy.estimators import HillClimbSearch
#利用爬山算法获取规则中条件变量间的依赖关系
def structuralLearning_Hybrid():
    df = pd.read_excel(r'D:\数据\"复杂结构型"_典型决策规则F₁.xlsx')
    data = df[["INDUS","PTRATIO","RM"]]
    hc = HillClimbSearch(data, BicScore(df))
    best_model1 = hc.estimate()
    return best_model1.edges()
#利用爬山算法获取规则中条件变量间的依赖关系
if __name__ == "__main__":
    result=structuralLearning_Hybrid()
    print("条件变量间的依赖关系:",result)
#结果展示:
条件变量间的依赖关系:[('INDUS','RM'),('PTRATIO','INDUS')]
```

图 6.5 爬山算法及数据运行结果

图 6.5 完整展示了典型决策规则 $F_①$ 的运行代码及结果,其中[('INDUS','RM'),('PTRATIO','INDUS')]可以解释为路径 INDUS→RM 和 PTRATIO→INDUS,可以合并为 PTRATIO→INDUS→RM,此时已完成初始贝叶

斯网络结构的构建工作,如图 6.6(a)所示。另外,由于典型决策规则中条件变化会影响决策变量,因此可以在条件变量与决策变量之间建立连接,箭头由前者指向后者,如图 6.6(b)所示。至此,完成典型决策规则 $F_①$ 的贝叶斯网络结构基础模型。

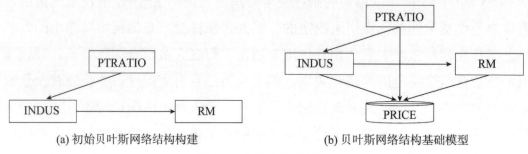

(a) 初始贝叶斯网络结构构建　　　　(b) 贝叶斯网络结构基础模型

图 6.6　典型决策规则 $F_①$

显然,在图 6.6(b)中,条件变量 PTRATIO 既可以通过条件变量 INDUS 间接影响决策变量 PRICE,也可以直接对 PRICE 产生影响。同样,条件变量 INDUS 既可以通过条件变量 RM 间接影响决策变量 PRICE,也可以直接对 PRICE 产生影响。条件变量 RM 则会在 PTRATIO 和 INDUS 的影响下直接影响 PRICE。

同样地,在分析典型决策规则 $F_②$、$S_①$、$S_②$ 和 $S_③$ 时也可以直接采用上述代码,只需要把"df = pd.read_excel(r'D:\数据\"复杂结构型"_典型决策规则$F_①$.xlsx')"内的数据表替换成对应典型决策规则解释的数据表,同时"data = df[["INDUS", "PTRATIO","RM"]]"内的条件变量名称也要改成对应数据表的条件变量名称。最终,典型决策规则 $F_②$、$S_①$ 和 $S_②$ 的贝叶斯网络结构分别如图 6.7～图 6.9 所示。

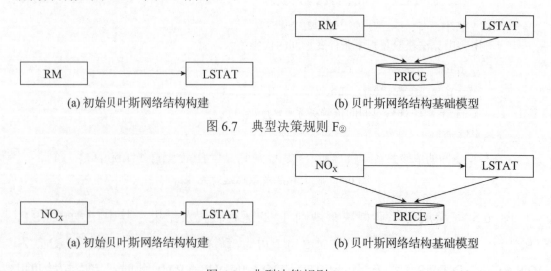

(a) 初始贝叶斯网络结构构建　　　　(b) 贝叶斯网络结构基础模型

图 6.7　典型决策规则 $F_②$

(a) 初始贝叶斯网络结构构建　　　　(b) 贝叶斯网络结构基础模型

图 6.8　典型决策规则 $S_①$

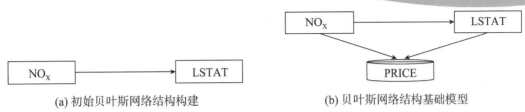

(a) 初始贝叶斯网络结构构建　　　　(b) 贝叶斯网络结构基础模型

图 6.9　典型决策规则 $S_②$

在图 6.7(b)中，条件变量 RM 既可以通过条件变量 LSTAT 间接影响决策变量 PRICE，也可以直接对 PRICE 产生影响。从图 6.8(b)和 6.9(b)可以看出，典型决策规则 $S_①$ 和 $S_②$ 的条件变量不仅相同，而且它们之间的依赖关系都是 $NO_x \rightarrow LSTAT$。条件变量 NO_x 既可以通过条件变量 LSTAT 间接影响决策变量 PRICE，也可以直接对 PRICE 产生影响，而 LSTAT 则会在 NO_x 的影响下直接影响 PRICE。

6.4.2　贝叶斯网络参数学习

1. 数据准备

Netica 软件是一个功能强大且易于使用的贝叶斯网络分析工具，常被用于科学研究。由于该软件的数据输入格式必须是离散型，所以本文遵从第 4 章决策变量离散化的做法，针对每条典型决策规则，将条件变量取值大于等于 0.5 的划分为高等级，记为 h。条件变量取值小于 0.5 的划分为低等级，记为 l。数据结果如表 6.3～表 6.7 所示。为了便于后续研究分析，本文根据每条典型决策规则解释的数据特征，对规则进行命名。

表 6.3　典型决策规则 $F_①$ 中变量的等级数据分布(共 44 条)

变量	h	l	命名
RM	0	44	
INDUS	0	44	小户型住宅优先规则
PTRATIO	20	24	
PRICE	6	38	

由表 6.3 可知，典型决策规则 $F_①$ 的每个住宅的平均房间数量取值均为低等级，并且城镇非住宅用地比例取值也都是低等级，据此将该规则命名为"小户型住宅优先规则"。

表 6.4　典型决策规则 $F_②$ 中变量的等级数据分布(共 152 条)

变量	h	l	命名
RM	152	0	
LSTAT	0	152	高档住宅优先规则
PRICE	151	1	

由表 6.4 可知，典型决策规则 $F_②$ 的每个住宅的平均房间数量取值都为高等级，并且城镇非住宅用地比例取值也都是低等级，据此将该规则命名为"高档住宅优先规则"。

表 6.5　典型决策规则 $S_①$ 中变量的等级数据分布(共 28 条)

变量	h	l	命名
NO_x	28	0	
LSTAT	2	26	污染偏向富人地区规则
PRICE	26	2	

由表 6.5 可知，典型决策规则 $S_①$ 的一氧化氮浓度取值均为高等级，并且低收入人群比例取值基本为低等级，据此将该规则命名为"污染偏向富人地区规则"。

表 6.6　典型决策规则 $S_②$ 中变量的等级数据分布(共 147 条)

变量	h	l	命名
NO_x	143	4	
LSTAT	147	0	污染偏向贫困地区规则
PRICE	4	143	

由表 6.6 可知，典型决策规则 $S_②$ 的一氧化氮浓度取值基本为高等级，并且低收入人群比例取值均为低等级，据此将该规则命名为"污染偏向贫困地区规则"。

为了便于观察典型决策规则的命名结果，表 6.7 给出了典型决策规则命名表。

表 6.7　典型决策规则命名表

异质性群组	典型决策规则	规则名
"复杂结构型"群组	$F_①$	小户型住宅优先规则
	$F_②$	高档住宅优先规则
"污染影响型"群组	$S_①$	污染偏向富人地区规则
	$S_②$	污染偏向贫困地区规则

2. 参数学习

在获取每条典型决策规则可以解释的离散型数据后，需要将这些数据导入到 Netica 软件中。以下以"小户型住宅优先规则"为例，其数据导入步骤如下。

步骤 1：打开 Netica 软件，单击"File"→"New"→"Network"，新建一个空的贝叶斯网络，如图 6.10 所示。

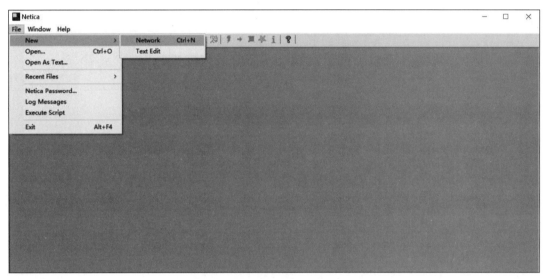

图 6.10 选择"Network"命令

步骤 2：新建的 Network 界面为一个空白的背景框，单击"Table"下方的椭圆框"Add Nature Node"，系统自动添加一个新的贝叶斯网络节点 A，代表贝叶斯网络中的一个变量。按相同方法，根据变量个数依次添加节点 B、节点 C 和节点 D，如图 6.11 所示。

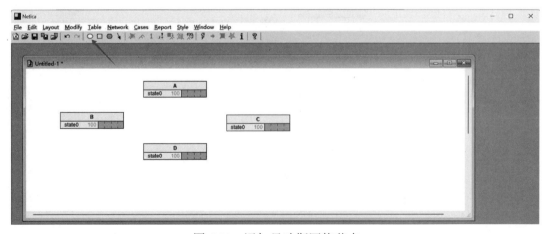

图 6.11 添加贝叶斯网络节点

步骤3：给每个贝叶斯网络节点进行状态分类和修改名称。双击节点 A，在弹出的"Title"框中输入该变量的名称，如"PTRATIO"，注意变量名称需与数据集的变量名相一致。依次在"State"框中输入节点状态，单击右侧的"New"按钮。节点状态可以用高(h)和低(l)表示，分别如图 6.12 和图 6.13 所示。添加完节点状态后，单击"OK"按钮，完成第一个节点的重命名和状态分类。

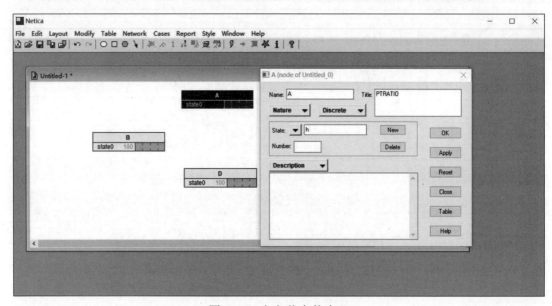

图 6.12　定义节点状态 h

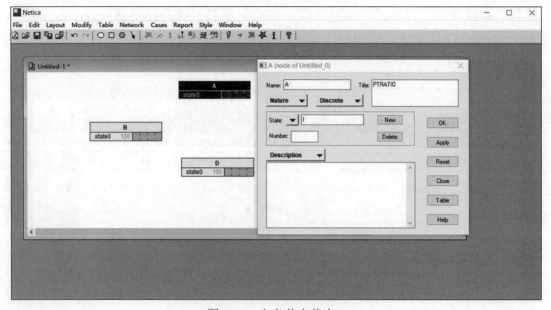

图 6.13　定义节点状态 l

步骤4：按照前文所述相同方法，依次对其他三个变量 INDUS、RM 和 PRICE 的贝叶斯网络节点进行状态分类和重命名，得到如图 6.14 所示的结果。

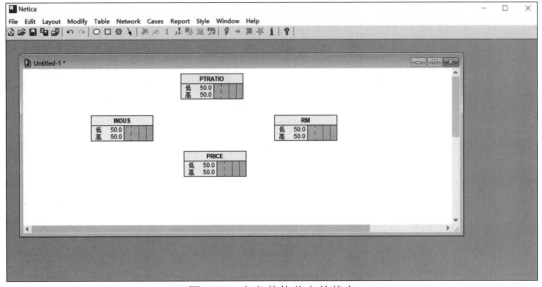

图 6.14　定义其他节点的状态

步骤5：单击"Network"下方的箭头，再依次单击两个不同节点，形成一个有向边，根据上述的贝叶斯网络基础模型进行连接，即 PTRATIO 指向 PRICE，PTRATIO 指向 INDUS，RM 指向 PRICE，INDUS 指向 PRICE，INDUS 指向 RM，得到如图 6.15 所示的结果。

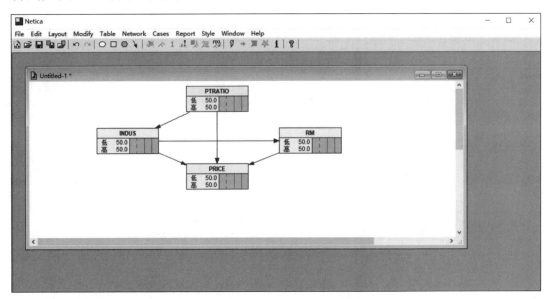

图 6.15　确定节点间连边关系

步骤 6：选择"Cases"→"Learn"→"Incorp Case File"，选择准备好的 Excel 变量数据，然后单击"确定"按钮，实现数据与模型的匹配，如图 6.16 所示。

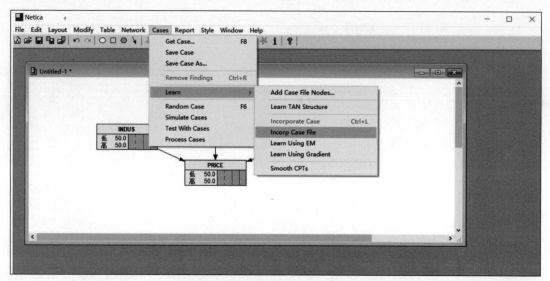

图 6.16　导入特定规则的变量数据

步骤 7：至此，完成"小户型住宅优先规则"的贝叶斯网络基础模型构建工作。单击"Window"下方的闪电符号，系统自动实现贝叶斯网络中节点间依赖关系的拟合，各个节点的条件概率也会自动发生变化，如图 6.17 所示。

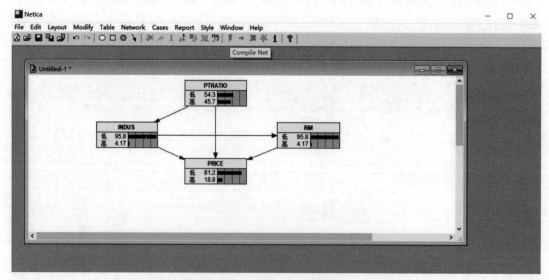

图 6.17　完成贝叶斯网络模拟

对"小户型住宅优先规则""高档住宅优先规则""污染偏向富人地区规则"和"污染偏向贫困地区规则"的贝叶斯参数学习结果分别分析如下。

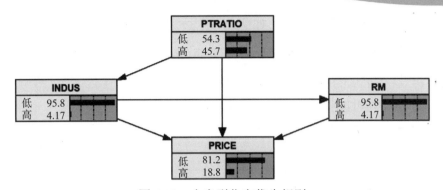

图 6.18　小户型住宅优先规则

从图 6.18 中可以看出，PTRATIO 作为根节点，其高等级和低等级的条件先验概率分别是 45.7%和 54.3%。INDUS 作为中间节点，其高低等级状态的条件先验概率分别是 4.17%和 95.8%。RM 作为中间节点，其高低等级状态的条件先验概率分别是 4.17%和 95.8%。在 PTRATIO、INDUS 和 RM 的共同影响下，"小户型住宅优先规则"有 18.8%可能性会获得高等级的 PRICE。

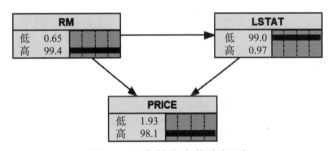

图 6.19　高档住宅优先规则

从图 6.19 中可以看出，RM 作为根节点，其高等级和低等级的条件先验概率分别是 99.4%和 0.65%。LSTAT 作为中间节点，其高低等级状态的条件先验概率分别是 0.97%和 99.0%。在 RM 和 LSTAT 的共同影响下，"高档住宅优先规则"有 98.1%可能性会获得高等级的 PRICE。

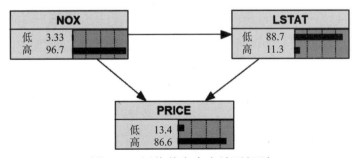

图 6.20　污染偏向富人地区规则

从图 6.20 中可以看出，NO_x 作为根节点，其高等级和低等级的条件先验概率分别是 96.7%和 3.33%。LSTAT 作为中间节点，其高低等级状态的条件先验概率分别是 11.3%和 88.7%。在 NO_x 和 LSTAT 的共同影响下，"污染偏向富人地区规则"有 86.6%可能性会获得高等级的 PRICE。

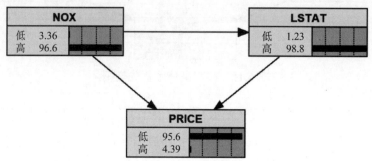

图 6.21 污染偏向贫困地区规则

从图 6.21 中可以看出，NO_x 作为根节点，其高等级和低等级的条件先验概率分别是 96.6%和 3.36%。LSTAT 作为中间节点，其高低等级状态的条件先验概率分别是 98.8%和 1.23%。在 NO_x 和 LSTAT 的共同影响下，"污染偏向贫困地区规则"有 4.39%可能性会获得高等级的 PRICE。

6.4.3 灵敏度分析

在完成贝叶斯网络的结构学习和参数学习之后，可以利用贝叶斯网络模型的推理能力，分析条件变量对决策变量 PRICE 的影响路径，从而揭示高等级和低等级 PRICE 产生的复杂机制。本节依次对"复杂结构型"数据群组和"污染影响型"数据群组的典型决策规则进行灵敏度分析。为了更准确地评估每条典型决策规则中条件变量的取值，并便于后续使用贝叶斯网络模型进一步分析条件变量对决策变量 PRICE 的影响路径和作用机制，依据表 6.2 中变量取值范围是否超过 0.5，将数据划分为高等级和低等级。具体来说，取值大于等于 0.5 的被归为高等级(标记为 h)，而小于 0.5 的则归为低等级(标记为 l)。基于此构建表 6.8，其中加粗部分代表决策变量，而非加粗部分则代表条件变量。

表 6.8 典型决策规则及其变量取值方向

	变量	变量字段描述	复杂结构型		污染影响型	
			$F_①$	$F_②$	$S_①$	$S_②$
条件变量	RM	每个住宅的平均房间数	l	h	—	—
	DIS	与五个波士顿就业中心的加权距离	—	—	—	—
	NO_x	一氧化氮浓度(每千万分之一)	—	—	h	h
	LSTAT	低收入人群比例	—	l	l	h
	INDUS	城镇非住宅用地的比例	l	—	—	—
	PTRATIO	城镇的师生比例	h	—	—	—
决策变量	PRICE	以 1 000 美元计算的自有住房的中位数	l	h	h	l

由表 6.8 可以总结出以下内容。

(1) 对于"复杂结构型"数据群组,决策变量 PRICE 受来自 RM、LSTAT、INDUS 和 PTRATIO 条件变量的组合效应影响。低等级 PRICE 由 1 个条件变量组合决定:小户型住宅优先规则($F_①$),低 RM+低 INDUS+高 PTRATIO;高等级 PRICE 由 1 个条件变量组合决定:高档住宅优先规则($F_②$),高 RM+低 LSTAT。

(2) 对于"污染影响型"数据群组,决策变量 PRICE 受来自 NO_x 和 LSTAT 条件变量的组合效应影响。高等级 PRICE 由 1 个条件变量组合决定:污染偏向富人规则($S_①$),高 NO_x+低 LSTAT。低等级 PRICE 由 2 个条件变量组合决定:污染偏向贫困地区规则($S_②$),高 NO_x+高 LSTAT。

为了了解每条典型决策规则中变量之间的作用关系,本书借助 Netica 软件分别对"小户型住宅优先规则""高档住宅优先规则""污染偏向富人地区规则"和"污染偏向贫困地区规则"进行灵敏度分析。在分析过程中,如果涉及实际的管理学问题,读者可以根据具体研究问题,引入管理学相关理论对变量之间的联动作用过程给予科学合理的解释。本书仅从数据现象的角度对变量之间的作用关系给予合理解释。

(1) 小户型住宅优先规则。

由表 6.8 可知,条件变量 PTRATIO、INDUS 和 RM 的取值等级大概率为"h""l"和"l"等级。在这些条件变量的共同影响下,结果变量 PRICE 取值等级为"l"。敏感度分析过程分别如图 6.22~图 6.25,以及表 6.9~表 6.12 所示,其中表中加粗部分对应的变量就是当前调整的变量。

以下分别具体分析。

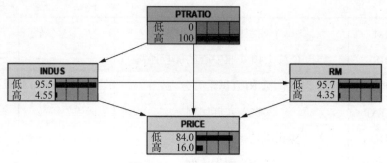

图 6.22　调整先验概率

表 6.9　灵敏度分析——调整 PARATIO 的先验概率

单位：%

PTRATIO	INDUS	RM	PRICE	关联度	贡献度
h: 45.7→100	l: 95.8→95.5	—	—	-0.6	—
h: 45.7→100	—	l: 95.8→95.7	—	-0.2	—
h: 45.7→100	—	—	l: 81.2→84.0	5.2	—

如图 6.22 及表 6.9 所示。

从关联度角度：①提升变量 PTRATIO 的高等级概率值，会导致变量 INDUS 的低等级概率值下降，说明了当城镇中的教师学生比例提升时，意味着城镇中有更多的教师和学生，这将导致城镇需要提供更多的教育设施和学校，从而需要增加非住宅用地的比例。②提升变量 PTRATIO 的高等级概率值，会导致变量 RM 的低等级概率值下降，说明了提升城镇中教师学生比例可能会导致学生人数增加、教师数量增加以及相关社区设施的增加，这些因素都可能促使每个住宅的平均房间数增加。③提升变量 PTRATIO 的高等级概率值，会导致变量 PRICE 的低等级概率值提升，说明了城镇中教师学生比例增加会导致房价下降，这一结论与实际情况存在不符。从图 6.22 可以了解到，变量 PRICE 不仅受到变量 PTRATIO 的直接影响，还受到其通过变量 INDUS 和 RM 产生的间接影响，数据结果说明了提升城镇中教师学生比例可能导致城镇非住宅用地比例提升和每个住宅的平均房间数增加，进而导致房价下降。这是由于教育设施需求增加，人口增加和住房需求变化，城镇规划和土地分配的调整，以及增加的住房供应等因素的综合影响。

从影响路径角度：①提升变量 PTRATIO 的高等级概率值会导致变量 RM 的低等级概率值下降，其内部作用路径遵循了"PTRATIO→INDUS→RM"。变量高低等级变动情况为：提升变量 PTRATIO 的高等级概率值会直接导致变量 INDUS 的低等级概率值下降，进而间接导致变量 RM 的低等级概率值下降。②提升变量 PTRATIO 的高等级概率值会导致变量 PRICE 的低等级概率值提升，其内部存在 3 条作用路径："PTRATIO→PRICE""PTRATIO→INDUS→PRICE"和"PTRATIO→INDUS→RM→PRICE"。第 1 条路径的变量高低等级变化情况为：提升变量 PTRATIO 的高等级概率值会直接导致变量 PRICE 的低等级概率值提升；第 2 条路径的变量高低等级变化情况为：提升变量 PTRATIO 的高等级概率值会直接导致变量 INDUS 的低等级概率值下降，进而间接导致变量 PRICE 的低等级概率值提升；第 3 条路径的变量高低等级变化情况为：提升变量 PTRATIO 的高等级概率值会直接导致变量 INDUS 的低等级概率值下降，从而间接导致变量 RM 的低等级概率值下降，进而导致变量 PRICE 的低等级概率值下降。

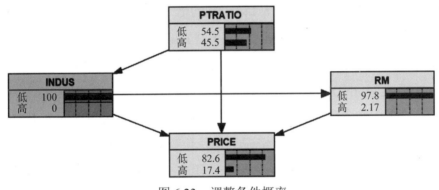

图 6.23　调整条件概率

表 6.10　灵敏度分析——调整 INDUS 的条件概率

单位：%

PTRATIO	INDUS	RM	PRICE	关联度	贡献度
	l: 95.8→100	l: 95.8→97.8	—	47.6	—
—	l: 95.8→100	—	l: 81.2→82.6	33.3	—
h: 45.7→45.5	l: 95.8→100	—	—	—	−0.4

如图 6.23 及表 6.10 所示。

从关联度角度：①提升变量 INDUS 的低等级概率值，会导致变量 RM 的低等级概率值提升，说明了当城镇的非住宅用地比例减少时，可供建设住宅的土地变得更加有限。这意味着开发商在建造住宅时可能会面临土地资源的限制。为了适应土地的稀缺性，开发商可能会减少单个住宅的面积或房间数，以容纳更多的住宅单位。②提升变量 INDUS 的低等级概率值，会导致变量 PRICE 的低等级概率值提升，说明了降低非住宅用地比例表明增加了可用于住宅建设的土地资源。这会增加住房供应量，提供更多的住宅单位供人们选择。供应的增加通常会导致竞争加剧，从而对房价产生下行压力。

从贡献度角度：将变量 INDUS 的低等级概率值提升至 100%，需要将变量 PTRATIO 的高等级概率值由 45.7%调整至 45.5%,此时变量 PTRATIO 对 INDUS 的贡献度为-0.4%，说明了降低城镇非住宅用地比例是为了增加城镇的居住用地，而减少教师学生比例作为降低非住宅用地需求的一种手段，可以帮助城镇在有限的土地资源中提供更多的住房，以满足人口增长和住房需求。因此，需要降低城镇非住宅用地比例，需要以降低教师学生比例作为代价。

从影响路径角度：①提升变量 INDUS 的低等级概率值会导致变量 RM 的低等级概率值提升，其内部作用路径遵循了"INDUS→RM"，变量高低等级变动情况为：提升变量 INDUS 的低等级概率值会直接导致变量 RM 的低等级概率值提升。②提升变量 INDUS 的低等级概率值会导致变量 PRICE 的低等级概率值提升，其内部存在 2 条作用路径："INDUS→PRICE"和"INDUS→RM→PRICE"。第 1 条路径的变量高低等级变化情况为：提升变量 INDUS 的低等级概率值会直接导致变量 PRICE 的低等级概率值提升；第 2 条路径的变量高低等级变化情况为：提升变量INDUS 的低等级概率值会直接导致变量 RM 的低等级概率值提升，进而间接导致变量 PRICE 的低等级概率值提升。

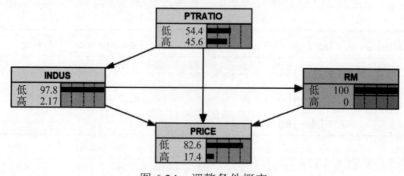

图 6.24 调整条件概率

表 6.11 灵敏度分析——调整 RM 的条件概率

单位：%

PTRATIO	INDUS	RM	PRICE	关联度	贡献度
—	—	*l*: 95.8→100	*l*: 81.2→82.6	33.3	—
—	*l*: 95.8→97.8	*l*: 95.8→100	—	—	2.1
h: 45.7→45.6	—	*l*: 95.8→100	—	—	−0.2

如图 6.24 及表 6.11 所示。

从关联度角度：提升变量 RM 的低等级概率值，会导致变量 PRICE 的低等级概率值提升，说明减少每个住宅的平均房间数可能会导致房价下降。其中原因在于，较小规模的住宅往往在建造成本和开发效益方面具有优势。开发商可以更经济地建造和开发较小规模的住宅，因为它们占用更少的土地和材料。这可能导致较小规模的住宅的供应增加，从而对房价产生下行压力。

从贡献度角度：将变量 RM 的低等级概率值提升至 100%，需要将变量 INDUS 的低等级概率值由 95.8%调整至 97.8%，PTRATIO 的高等级概率值由 45.7%调整至 45.6%，此时变量 INDUS 和 PTRATIO 对 INDUS 的贡献度分别为 2.1%和−0.2%。数据结果说明了，如果需要减少每个住宅的平均房间数，降低城镇非住宅用地的比例和城镇中教师学生比例是重要的手段。原因在于，城镇非住宅用地的比例减少可能意味着更多的土地用于住宅建设。这可能会增加住宅的供应量，从而有助于降低平均每栋住宅的房间数。同时，降低城镇中教师学生比例可能意味着教育需求的减少，当教育需求减少时，家庭可能会减少对大型住房的需求。这可能导致开发商调整住宅的规模和大小，建造更小型的住宅来适应需求的变化。

从影响路径角度：提升变量 RM 的低等级概率值会导致变量 PRICE 的低等级概率值提升，其内部作用路径遵循了"RM→PRICE"。

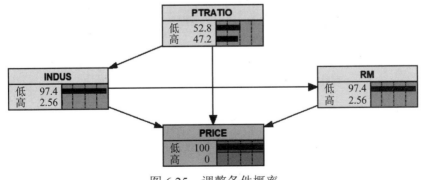

图 6.25 调整条件概率

表 6.12 灵敏度分析——调整 PRICE 的条件概率

单位：%

PTRATIO	INDUS	RM	PRICE	关联度	贡献度
—	—	l: 95.8→97.4	l: 81.2→100	—	1.7
—	l: 95.8→97.8	—	l: 81.2→100	—	2.1
h: 45.7→45.6	—	—	l: 81.2→100	—	-0.2

如图 6.25 及表 6.12 所示。

从贡献度角度：将变量 PRICE 的低等级概率值提升至 100%，需要将变量 RM 的低等级概率值由 95.8%调整至 97.4%，INDUS 的低等级概率值由 95.8%调整至 97.8%，PTRATIO 的高等级概率值由 45.7%调整至 45.6%，此时变量 PTRATIO、INDUS 和 RM 对 PRICE 的贡献度分别为 1.7%、2.1%和-0.2%。数据结果说明了，可以通过降低城镇中教师学生比例、降低城镇非住宅用地比例和减少每个住宅的平均房间数等措施来降低房价。因为降低城镇中教师学生比例可能意味着教育需求的减少，而降低城镇非住宅用地比例和减少每个住宅的平均房间数可能增加住房供应。供给增加相对于需求减少可能导致房屋市场供过于求，从而对房价产生下行压力。

(2) 高档住宅优先规则。

由表 6.8 可知，条件变量 RM 和 LSTAT 的取值很大程度上分别为"h"和"l"等级。在这些条件变量的共同影响下，结果变量 PRICE 取值等级为"h"。敏感度分析过程分别如图 6.26～图 6.28，以及表 6.13～表 6.15 所示。以下分别具体分析。

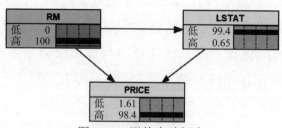

图 6.26 调整先验概率

表 6.13 灵敏度分析——调整 RM 的先验概率

单位：%

RM	LSTAT	PRICE	关联度	贡献度
h: 99.4→100	l: 99.0→99.4	—	66.7	—
h: 99.4→100	—	h: 98.1→98.4	50.0	—

如图 6.26 及表 6.13 所示。

从关联度角度：①提升变量 RM 的高等级概率值，会导致变量 LSTAT 的低等级概率值下降，说明了增加每个住宅的平均房间数可能会因为建筑成本增加进而导致租金或房价上涨，居住成本的增高会导致低收入人群比例增多。②提升变量 RM 的高等级概率值，会导致变量 PRICE 的高等级概率值提升，说明了增加每个住宅的平均房间数通常需要更多的土地和建筑材料，以及更多的施工和装修成本。这可能导致开发商和建筑商的成本上升，从而反映在房屋的售价上。

从影响路径角度：①提升变量 RM 的高等级概率值会导致变量 LSTAT 的低等级概率值提升，其内部作用路径遵循了"RM→LSTAT"。变量高低等级变动情况为：提升变量 RM 的高等级概率值会直接导致变量 LSTAT 的低等级概率值提升。②提升变量 RM 的高等级概率值会导致变量 PRICE 的高等级概率值提升，其内部存在 2 条作用路径："RM→PRICE"和"RM→LSTAT→PRICE"。第 1 条路径的变量高低等级变化情况为：提升变量 RM 的高等级概率值会直接导致变量 PRICE 的高等级概率值提升；第 2 条路径的变量高低等级变化情况为：提升变量 RM 的高等级概率值会直接导致变量 LSTAT 的低等级概率值提升，进而间接导致变量 PRICE 的高等级概率值提升。

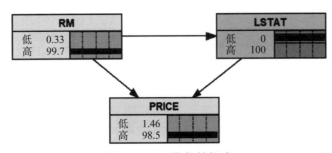

图 6.27　调整条件概率

表 6.14　灵敏度分析——调整 LSTAT 的条件概率

单位：%

RM	LSTAT	PRICE	关联度	贡献度
—	l: 99.0→100	h: 98.1→98.5	40.0	—
h: 99.4→99.7	l: 99.0→100	—	—	0.3

如图 6.27 及表 6.14 所示。

从关联度角度：提升变量 LSTAT 的低等级概率值，会导致变量 PRICE 的高等级概率值提升，说明了低收入人群比例降低会引起房价上涨。其中原因可能是，低收入人群比例的下降可能是某个地区的经济发展和城市升级导致的。这种发展可能吸引了更多中等和高收入人群迁入该地区。随着中等和高收入人群的增加，他们对高品质住房的需求也会增加。由于高品质住房相对有限，供不应求的情况可能会推动房价上涨。

从贡献度角度：将变量 LSTAT 的低等级概率值提升至 100%，需要将变量 RM 的高等级概率值由 99.4%调整至 99.7%，此时变量 RM 对 LSTAT 的贡献度为 0.3%，说明为了降低低收入人群比例，可以通过以增加每个住宅的平均房间数作为代价。原因可能是，通过增加住房的房间数，可以提供更多适应不同家庭规模和需求的住房单位，满足低收入人群的基本住房需求，避免支付租金或每月的房屋贷款利息，释放出更多的资金用于储蓄和投资，积累更多财富，进而有助于减少低收入人群比例。

从影响路径角度：提升变量 LSTAT 的低等级概率值会导致变量 PRICE 的高等级概率值提升，其内部作用路径遵循了"LSTAT→PRICE"。变量高低等级变动情况为：提升变量 LSTAT 的低等级概率值会直接导致变量 PRICE 的高等级概率值提升。

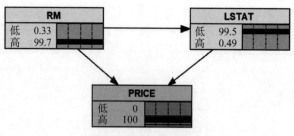

图 6.28　调整条件概率

表 6.15　灵敏度分析——调整 PRICE 的条件概率

单位：%

RM	LSTAT	PRICE	关联度	贡献度
—	$l: 99.0 \to 99.5$	$h: 98.1 \to 100$		0.5
$h: 99.4 \to 99.7$	—	$h: 98.1 \to 100$	—	0.3

如图 6.28 及表 6.15 所示。

从贡献度角度：将变量 PRICE 的高等级概率值提升至 100%，需要将变量 LSTAT 的低等级概率值由 99.0%调整至 99.5%，RM 的高等级概率值由 99.4%调整至 99.7%，此时变量 LSTAT 和 RM 对 PRICE 的贡献度分别为 0.5%和 0.3%。数据结果说明了，可以通过减少低收入人群比例和增加每个住宅的平均房间数等来提高房价。因为减少低收入人群比例可能意味着城市中更多的人具有较高的收入水平。较高的收入水平通常意味着更大的购买力，更有能力购买高价位的住房。同时，增加每个住宅的平均房间数可能会增加土地成本和建设成本。较大规模的住房通常需要更多的土地和材料，开发商也需要承担更高的建设成本。这可能会提高开发商的利润要求，导致住房价格上涨。

(3) 污染偏向富人地区规则。

由表 6.8 可知，条件变量 NO_x 和 LSTAT 的取值很大程度上分别为"h"和"l"等级。在这些条件变量的共同影响下，结果变量 PRICE 取值等级为"h"。敏感度分析过程如图 6.29～图 6.31，以及表 6.16～表 6.18 所示。以下分别具体分析。

如图 6.29 及表 6.16 所示。

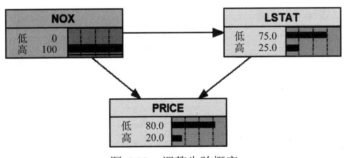

图 6.29　调整先验概率

表 6.16　灵敏度分析——调整 NO_x 的先验概率

单位：%

NO_x	LSTAT	PRICE	关联度	贡献度
h: 91.7→100	l: 72.9→75.0	—	0.253	—
h: 91.7→100	—	h: 22.5→20.0	-0.301	—

从关联度角度：①提升变量 NO_x 的高等级概率值，会导致变量 LSTAT 的低等级概率值上升，结合该规则解释的是"污染偏向富人地区"，可以了解到，一氧化氮污染物很有可能是由汽车、燃气和取暖设备产生的，进而可以了解到所涉及地区交通相对便利，人口相对密集。此时，污染物排放量增加说明了这些

地区相对繁华，消费水平提高，低收入人群可能会因为无法支付各种费用而选择搬离这些地区，进而导致低收入人群比例降低。②提升变量 NO_x 的高等级概率值，会导致变量 PRICE 的高等级概率值下降，说明了一氧化氮污染物浓度高的地区通常空气质量较差，这可能会对居民的健康和生活质量产生负面影响，导致该地区的住房需求减少，从而房价出现下降。

从影响路径角度：①提升变量 NO_x 的高等级概率值会导致变量 LSTAT 的低等级概率值提升，其内部作用路径遵循了"RM→LSTAT"。变量高低等级变动情况为：提升变量 RM 的高等级概率值会直接导致变量 LSTAT 的低等级概率值提升。②提升变量 NO_x 的高等级概率值会导致变量 PRICE 的高等级概率值下降，其内部存在 2 条作用路径："NO_x→PRICE" 和 "NO_x→LSTAT→PRICE"。第 1 条路径的变量高低等级变化情况为：提升变量 NO_x 的高等级概率值会直接导致变量 PRICE 的高等级概率值降低；第 2 条路径的变量高低等级变化情况为：提升变量 NO_x 的高等级概率值会直接导致变量 LSTAT 的低等级概率值提升，进而间接导致变量 PRICE 的高等级概率值下降。

如图 6.30 及表 6.17 所示。

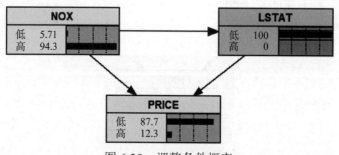

图 6.30　调整条件概率

表 6.17　灵敏度分析——调整 LSTAT 的条件概率

单位：%

NO_x	LSTAT	PRICE	关联度	贡献度
—	l: 72.9→100	h: 22.5→12.3	−0.376	—
h: 91.7→94.3	l: 72.9→100	—	—	2.8

从关联度角度：降低变量 LSTAT 的低等级概率值，会导致变量 PRICE 的高等级概率值提升，说明了低收入人群比例降低会引起房价上涨。结合该规则解释的是"污染偏向富人地区"，可以了解到，低收入人群比例的下降可能是这个

地区的经济发展和城市升级导致的。这种发展可能吸引了更多高收入人群迁入该地区。随着这类人群的增加，他们对高品质住房的需求也会增加。由于高品质住房相对有限，供不应求的情况加剧，可能会推动房价上涨。

从贡献度角度：将变量 LSTAT 的低等级概率值提升至 100%，需要将变量 NO_x 的高等级概率值由 91.7%调整至 94.3%，此时变量 NO_x 对 LSTAT 的贡献度为 2.8%，说明低收入人群比例降低有一部分原因是由一氧化氮污染物浓度提高导致的，因为这类人群无法支付由环境污染带来的生活和健康费用，通常会选择搬离这些地区。

从影响路径角度：提升变量 LSTAT 的低等级概率值会导致变量 PRICE 的高等级概率值下降，其内部作用路径遵循了"LSTAT→PRICE"，变量高低等级变动情况为：提升变量 LSTAT 的低等级概率值会直接导致变量 PRICE 的高等级概率值下降。

如图 6.31 及表 6.18 所示。

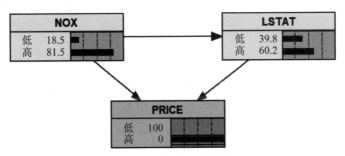

图 6.31　调整条件概率

表 6.18　灵敏度分析——调整 PRICE 的条件概率

单位：%

NO_x	LSTAT	PRICE	关联度	贡献度
—	l: 72.9→39.8	h: 22.5→100	—	-45.4
h: 91.7→81.5	—	h: 22.5→100	—	-11.1

从贡献度角度：将变量 PRICE 的高等级概率值提升至 100%，需要将变量 LSTAT 的低等级概率值由 72.9%调整至 39.8%，NO_x 的高等级概率值由 91.7%调整至 81.5%，此时变量 LSTAT 和 NO_x 对 PRICE 的贡献度分别为-45.4%和-11.1%。数据结果说明了，为了提高房价，该地区可以采取增加低收入人群比例、减少一氧化氮污染物浓度等措施。因为增加低收入人群比例可能意味着经济活动的增加

和区域经济的发展。随着经济繁荣，就业机会增多，人口增加，对住房的需求也会增加。当需求超过供应时，房价往往会上涨。同时，减少一氧化氮污染物浓度意味着环境质量得到改善，这可能会增加人们对该地区居住的偏好，并提高对该地区住房的需求，进而提升房价。

(4) 污染偏向贫困地区规则。

由表 6.8 可知，条件变量 NO_x 和 LSTAT 的取值很大程度上分别为 "h" 和 "h" 等级。在这些条件变量的共同影响下，结果变量 PRICE 取值等级为 "l"。敏感度分析过程如图 6.32～图 6.34，以及表 6.19～表 6.21 所示。以下分别具体介绍。

如图 6.32 及表 6.19 所示。

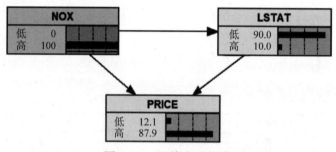

图 6.32 调整先验概率

表 6.19 灵敏度分析——调整 NO_x 的先验概率

单位：%

NO_x	LSTAT	PRICE	关联度	贡献度
h: 96.7→100	h: 11.3→10.0	—	−39.4	—
h: 96.7→100		l: 13.4→12.1	−39.4	—

从关联度角度：①提升变量 NO_x 的高等级概率值，会导致变量 LSTAT 的高等级概率值下降，结合该规则解释的是"污染偏向贫困地区"，可以了解到，一氧化氮污染物很有可能是由工业生产过程中使用的燃煤、燃气和燃油设备产生，长期暴露于高浓度的一氧化氮污染中可能导致呼吸道疾病、心血管问题等健康问题，这些健康问题产生的费用是低收入人群无法支撑的，他们会选择搬离这些地区，进而导致低收入人群的比例有所下降。②提升变量 NO_x 的高等级概率值，会导致变量 PRICE 的低等级概率值下降，说明了住在高污染地区的居民可能需要购买空气净化器、口罩等产品，或者承担更高的医疗费用。这些额外成本可能通过提高房租来弥补。

从影响路径角度：①提升变量 NO_x 的高等级概率值会导致变量 LSTAT 的高等级概率值下降，其内部作用路径遵循了"NO_x→LSTAT"。变量高低等级变动情况为：提升变量 NO_x 的高等级概率值会直接导致变量 LSTAT 的高等级概率值下降。②提升变量 NO_x 的高等级概率值会导致变量 PRICE 的低等级概率值下降，其内部存在 2 条作用路径："NO_x→PRICE"和"NO_x→LSTAT→PRICE"。第 1 条路径的变量高低等级变化情况为：提升变量 NO_x 的高等级概率值会直接导致变量 PRICE 的低等级概率值下降；第 2 条路径的变量高低等级变化情况为：提升变量 NO_x 的高等级概率值会直接导致变量 LSTAT 的高等级概率值下降，进而间接导致变量 PRICE 的低等级概率值下降。

如图 6.33 及表 6.20 所示。

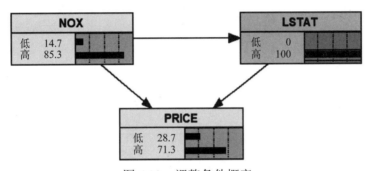

图 6.33 调整条件概率

表 6.20 灵敏度分析——调整 LSTAT 的条件概率

单位：%

NO_x	LSTAT	PRICE	关联度	贡献度
—	$h: 11.3→100$	$l: 13.4→28.7$	17.2	—
$h: 96.7→85.3$	$h: 11.3→100$	—	—	−11.8

从关联度角度：提升变量 LSTAT 的高等级概率值，会导致变量 PRICE 的低等级概率值提升，说明了低收入人群比例增加会引起房价下降。结合该规则解释的是"污染偏向贫困地区"，可以了解到，低收入人群比例增加可能反映了该地区的社会经济压力增加，如失业率上升或经济不景气。在这种情况下，低收入人群可能面临财务困难，购买力进一步下降。这可能导致整体购房市场的需求减少，从而对房价产生下行压力。

从贡献度角度：将变量 LSTAT 的高等级概率值提升至 100%，需要将变量

NO_x 的高等级概率值由 96.7% 调整至 85.3%，此时变量 NO_x 对 LSTAT 的贡献度为 -11.8%，说明了为了降低低收入人群的比例，减少一氧化氮污染物浓度是关键手段。因为减少氮氧化物污染物的浓度，可以改善空气质量，减少低收入人群因空气污染而患病的风险。更好的健康状况可以减少医疗支出和健康问题导致的经济负担，从而为低收入人群创造更多的经济机会和资源。

如图 6.34 及表 6.21 所示。

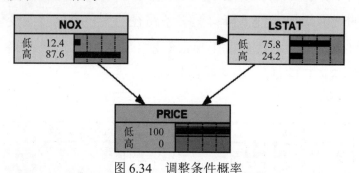

图 6.34 调整条件概率

表 6.21 灵敏度分析——调整 PRICE 的条件概率

单位：%

NO_x	LSTAT	PRICE	关联度	贡献度
—	h: 11.3→24.2	l: 13.4→100	—	11 420
h: 96.7→87.6	—	l: 13.4→100	—	-9.4

从贡献度角度：将变量 PRICE 的低等级概率值提升至 100%，需要将变量 LSTAT 的高等级概率值由 11.3% 调整至 24.2%，NO_x 的高等级概率值由 96.7% 调整至 87.6%，此时变量 LSTAT 和 NO_x 对 PRICE 的贡献度分别为 11 420% 和 -9.4%。数据结果说明了，增加低收入人群比例、减少一氧化氮污染物浓度是提高该地区房价水平的重要手段。因为低收入人群是该地区的主要消费动力，该类人群的比例增加说明对房屋需求变大，自然拉动房价水平提高。同时，污染物减少说明该地区的环境质量得到改善，可能会吸引更多人来居住，在房屋供给不变的情况下，房屋需求增加，进而引起房价上涨。

6.4.4 结果分析

依据 6.4.3 节所提供的数据，本文构建了包括"小户型住宅优先规则""高档住宅优先规则""污染偏向富人地区规则"以及"污染偏向贫困地区规则"在内的典型决策规则。这些规则揭示了变量间的关联度与贡献度，以及影响路径，具体数据见表 6.22~表 6.29。在这些表中，h 和 l 分别代表典型决策规则中变量的高低等级取值。纵向加粗的数值展示了特定条件变量与决策变量 PRICE 之间的关联度。例如，在表 6.22 中，5.2% 即为条件变量 PTRATIO 与决策变量 PRICE 之间的关联度。横向加粗的数值则代表了特定条件变量对决策变量 PRICE 取值变化的贡献值。如表 6.22 所示，条件变量 PTRATIO 对决策变量 PRICE 的低等级概率值提升至 100% 时，贡献了 0.2%。此外，表 6.22 还汇总了条件变量间的关联度和贡献度，未加粗的数值即为这部分信息。进一步地，表 6.23 详细描述了表 6.22 中决策变量 PRICE 受关联程度的路径。例如，条件变量 PTRATIO 影响决策变量 PRICE 需经过"PTRATIO→INDUS→RM→PRICE"的路径等。

表 6.22 "小户型住宅优先规则"的关联度与贡献度

单位：%

变量		等级	指标	PTRATIO	INDUS	RM	PRICE
				h	l	l	l
条件变量	PTRATIO	h	关联度	—	-0.6	-0.2	**5.2**
			贡献度	—	—	—	—
	INDUS	l	关联度	—	—	47.6	**33.3**
			贡献度	-0.4	—	—	-
	RM	l	关联度	—	—	—	**33.3**
			贡献度	-0.2	2.1	—	—
决策变量	PRICE	l	关联度	—	—	—	—
			贡献度	**-0.2**	**2.1**	**1.7**	—

表 6.23 "小户型住宅优先规则"中变量之间的影响路径

条件变量	影响路径
PTRATIO	PTRATIO→INDUS→RM→PRICE
	PTRATIO→INDUS→PRICE
	PTRATIO→PRICE
INDUS	INDUS→RM→PRICE
	INDUS→PRICE
RM	RM→PRICE

在表 6.22 中，从决策变量 PRICE 的纵向视角审视，该变量与 PTRATIO、INDUS 和 RM 之间的相关性分别为 5.2%、33.3% 和 33.3%。数据揭示，增加 PTRATIO 的高等级概率值、降低 INDUS 和 RM 的低等级概率值，均会导致 PRICE 的低等级概率值增加。换言之，提高城镇教师与学生的比例、减少城镇非住宅用地比例和减少每个栋住宅的平均房间数，很可能会导致该地区房价下降。表 6.23 进一步显示，PTRATIO 对 PRICE 的影响可沿以下三条路径进行："PTRATIO→INDUS→RM→PRICE""PTRATIO→INDUS→PRICE" 和 "PTRATIO→PRICE"。而 INDUS 对 PRICE 的影响则遵循两条路径："INDUS→RM→PRICE" 和 "INDUS→PRICE"。此外，RM 可直接影响 PRICE。

在表 6.22 中，从决策变量 PRICE 的横向视角分析，该变量与 PTRATIO、INDUS 和 RM 之间的贡献度分别为 -0.2%、2.1% 和 1.7%。数据表明，为了提升 PRICE 的低等级概率值，需以降低 PTRATIO 的高等级概率值，提高 INDUS 和 RM 的低等级概率值为代价。也就是说，为了实现降低该地区房价的目标，可能需要以减少城镇教师与学生的比例、减少城镇非住宅用地比例和减少每个住宅的平均房间数为代价。

表 6.24 "高档住宅优先规则"的关联度与贡献度

单位：%

变量		等级	指标	RM	LSTAT	PRICE
				h	l	h
条件变量	RM	h	关联度	—	66.7	**50**
			贡献度	—	—	—
	LSTAT	l	关联度	—		**40**
			贡献度	0.3	—	—
决策变量	PRICE	h	关联度	—	—	—
			贡献度	**0.5**	**0.3**	—

表 6.25 "高档住宅优先规则"中变量之间的影响路径

变量	影响路径
RM	RM→LSTAT→PRICE
	RM→PRICE
LSTAT	LSTAT→PRICE

在表 6.24 中，从决策变量 PRICE 的纵向视角分析，该变量与 RM 和 LSTAT 之间的相关性分别为 50% 和 40%。数据显示，提高变量 RM 的高等级概率值以及降低变量 LSTAT 的低等级概率值，均有助于提升变量 PRICE 的高等级概率值。换言之，增加每个住宅的平均房间数和降低低收入人群比例，均能促进该地区房价的上涨。进一步地，表 6.25 揭示了 RM 对 PRICE 的影响遵循两条路径："RM→LSTAT→PRICE" 和 "RM→PRICE"，而 LSTAT 则能直接作用于 PRICE。

在表 6.24 中，从决策变量 PRICE 的横向视角分析，该变量与 RM 和 LSTAT 之间的贡献度分别为 0.5% 和 0.3%。数据表明，为了提升 PRICE 的高等级概率值，需要以提高变量 RM 的高等级概率值和降低变量 LSTAT 的低等级概率值为代价。也就是说，为了推动该地区房价上涨，可以通过增加住宅单位的平均房间数和减少低收入人群比例等策略来实现。

表 6.26 "高档住宅优先规则"的关联度与贡献度

单位：%

	变量	等级	指标	NO_x	LSTAT	PRICE
				h	l	h
条件变量	NO_x	h	关联度	—	0.253	−0.301
			贡献度	—	—	—
	LSTAT	l	关联度	—	—	−0.376
			贡献度	2.8	—	—
决策变量	PRICE	h	关联度	—	—	—
			贡献度	−11.1	−45.4	—

表 6.27 "高档住宅优先规则"中变量之间的影响路径

变量	影响路径
NO_x	NO_x→LSTAT→PRICE
	NO_x→PRICE
LSTAT	LSTAT→PRICE

在表 6.26 中，从决策变量 PRICE 的纵向视角分析，该变量与 NO_x 和 LSTAT 之间的相关系数分别为 −0.301 和 −0.376。数据揭示，提高 NO_x 的高等级概率值或降低 LSTAT 的低等级概率值均不利于 PRICE 的高等级概率值提升。换言之，

一氧化氮浓度的升高和低收入人群比例的减少均可能导致房价下降。进一步地，表 6.27 显示，NO_x 对 PRICE 的影响遵循两条路径："NO_x→LSTAT→PRICE" 和 "NO_x→PRICE"，而 LSTAT 则可直接影响 PRICE。

表 6.26，从决策变量 PRICE 的横向视角分析，该变量与 NO_x 和 LSTAT 之间的贡献度分别为-11.1%和-45.4%。数据表明，为了提升 PRICE 的高等级概率值，应避免以提高 NO_x 的高等级概率值或降低 LSTAT 的低等级概率值为代价。也就是说，为了促进房价上涨，可以考虑采取降低一氧化氮污染物浓度和提高低收入人群比例的策略。

表 6.28 "高档住宅优先规则"的关联度与贡献度

单位：%

	变量	等级	指标	NOx (h)	LSTAT (h)	PRICE (l)
条件变量	NO_x	h	关联度	—	-39.4	**-39.4**
			贡献度	—	—	—
	LSTAT	h	关联度	—	—	**17.2**
			贡献度	-11.8	—	—
决策变量	PRICE	l	关联度	—	—	—
			贡献度	**-9.4**	**11 420**	—

表 6.29 "高档住宅优先规则"中变量之间的影响路径

变量	影响路径
NO_x	NO_x→LSTAT→PRICE
	NO_x→PRICE
LSTAT	LSTAT→PRICE

在表 6.28，从决策变量 PRICE 的纵向视角分析，该变量与 NO_x 和 LSTAT 之间的相关性分别为-39.4%和 17.2%。数据显示，增加 NO_x 的高等级概率值不利于 PRICE 的低等级概率值提升，而增加 LSTAT 的高等级概率值则有助于 PRICE 的低等级概率值提升。换言之，一氧化氮污染物浓度的上升可能会导致房价上涨，而提高低收入人群比例则可能引起房价下跌。表 6.29 揭示了 NO_x 对 PRICE 的影响遵循两条路径："NO_x→LSTAT→PRICE" 和 "NO_x→PRICE"，同

时 LSTAT 可以直接影响 PRICE。

进一步地，在表 6.28 中，从决策变量 PRICE 的横向视角分析，该变量与 NO_x 和 LSTAT 之间的贡献度分别为-9.4%和 11 420%。这表明，为了提高 PRICE 的低等级概率值，应尽量避免增加 NO_x 的高等级概率值，但可以通过增加 LSTAT 的高等级概率值作为交换。也就是说，为了遏制房价上涨，可以采取降低一氧化氮污染物浓度、提高低收入人群比例等措施来实现。

6.5 实现代码

以下是通过 Python 使用贝叶斯网络进行结构学习的代码，利用爬山算法学习数据集中变量之间的依赖关系。具体而言，代码从 Excel 文件中读取数据，选择特定的列进行分析，随后应用 Hill-Climbing 搜索算法来估计最佳的网络结构。最后，程序输出条件变量之间的依赖关系，这些关系表示为网络中的边。

```python
#导入需要用到的包
import pandas as pd
from pgmpy.estimators import BicScore
from pgmpy.estimators import HillClimbSearch
#利用爬山算法获取规则中条件变量间的依赖关系
def structuralLearning_Hybrid():
    df = pd.read_Excel(r'D:\数据\"复杂结构型"_"小户型住宅优先规则".xlsx')
    data = df[["INDUS","PTRATIO","RM"]]
    hc = HillClimbSearch(data, BicScore(df))
    best_model1 = hc.estimate()
    return best_model1.edges()
#利用爬山算法获取规则中条件变量间的依赖关系
if __name__ == "__main__":
    result=structuralLearning_Hybrid()
    print("条件变量间的依赖关系：",result)
```

参考文献

[1] 陈强，丁玉，敦帅，2021. 基于贝叶斯网络的营商环境影响机制研究[J]. 软科学，35(01)：126~133.

[2] 敦帅，陈强，丁玉，2021. 基于贝叶斯网络的创新策源能力影响机制研究[J]. 科学学研究，39(10)：1897~1907.

[3] 姜坤，2018. 情景驱动的并发型突发事件链建模方法[D]. 大连：大连理工大学.

[4] 蒋天颖，2011. 基于贝叶斯网络的组织创新影响机制研究[J]. 科研管理，32(05)：61~67.

[5] 廖杨月，2022. 高校杰出学者知识创新绩效的影响机制研究[D]. 厦门：华侨大学.

[6] 史惠婷，柴建，卢全莹，等，2021. 北美天然气现货价格波动机制分析及波动率预测[J]. 系统工程理论与实践，41(12)：3366~3377.

[7] 王月，2019. 贝叶斯网络结构学习的最大最小爬山算法研究[D]. 青岛：山东科技大学.

[8] 许保光，王蓓蓓，池宏，等，2020. 基于贝叶斯网络的航空安全中不安全信息分析[J]. 中国管理科学，28(12)：118-129.

[9] ADEDIPE T, SHAFIEE M, ZIO E, 2020. Bayesian Network Modelling for the Wind Energy Industry: An Overview[J]. Reliability Engineering & System Safety, 202: 107053.

[10] HOSSAIN NUI, El AMRANI S, JARADAT R, et al., 2020. Modeling and assessing interdependencies between critical infrastructures using Bayesian network: A case study of inland waterway port and surrounding supply chain network[J]. Reliability Engineering & System Safety, 198: 106898.

[11] HU JL, XIONG B, ZHANG Z, WANG J, 2022. A continuous Bayesian network regression model for estimating seismic liquefaction-induced settlement of the free-field ground[J], Earthquake Engineering & Structural Dynamics. DOI: 10.1002/eqe.3804

[12] KYRIMI E，NEVES MR，MCLACHLAN S，et al.，2020. Medical idioms for clinical Bayesian network development[J]. Journal of Biomedical Informatics，108: 103495.

[13] LIU HR，CUI SP，LI S. et al.，2022.A Bayesian Network Structure Learning Algorithm Based on Probabilistic Incremental Analysis and Constraint[J]. IEEE ACCESS,10: 130719~130732.

[14] LV YL，MIAO JZ，LIANG JY，et al.，2021. BIC-based node order learning for improving Bayesian network structure learning [J]. Frontiers of Computer Science，15(6): 156337.

[15] PE HART，NJ NILSSON，B RAPHAEL，et al.，1968. A Formal Basis for the Heuristic Determination of Minimum Cost Paths [J]. IEEE Transactions on Systems Science and Cybernetics，4(02):100~107.

[16] SUN XP，CHEN C，WANG L，et al.，2019. Hybrid Optimization Algorithm for Bayesian Network Structure Learning[J]，10(10): 294.

[17] ZHOU J，ASTERIS PG，ARMAGHANI DJ，BINH TP，2020. Prediction of ground vibration induced by blasting operations through the use of the Bayesian Network and random forest models[J]. Soil Dynamics and Earthquake Engineering，139: 106390.

第7章 基于DAC的复杂因素影响机制案例分析

本章通过综合运用 DAC，深入探讨后发企业创新绩效的问题。首先，本章采用 DAC 中的聚类分析和决策树分析技术，研究了不同类型的后发企业在合作创新网络中的位置，以及它们所拥有的知识基础如何影响其创新绩效。这一分析旨在解决后发企业如何有效平衡内外部资源的问题，以实现创新追赶。其次，通过 DAC 的聚类分析和贝叶斯网络分析，本章进一步剖析了不同类型后发企业创新的影响路径和提升策略，旨在解决后发企业如何突破创新困境的问题。本章充分利用 DAC，充分展示 DAC 的独特特点和优势。

7.1 网络位置、知识基础与后发企业创新绩效

合作创新网络成为后发企业获取外部知识的关键渠道，而知识基础是这些企业吸收和重组知识，以实现创新的前提。因此，如何有效地将合作创新网络与知识基础相结合，对于解答后发企业如何实现创新追赶问题具有重要的现实

意义。本文选取系统级芯片(System on Chip, SoC)行业的共同专利权人作为研究对象，从外部创新网络和内部知识基础两个维度，探讨后发企业创新绩效的影响机制。本文通过应用聚类算法，将后发企业划分为收束型企业、枢纽型企业、边缘型企业和中庸型企业4种类型，并利用CART算法深入分析这4种类型企业创新绩效的形成规律。研究发现，后发企业的创新绩效受到网络位置和知识基础的共同作用。在创新追赶的过程中，企业应优先考虑发展自身的知识基础，随后根据战略目标合理构建外部创新网络，并需警惕"网络位置悖论"。本节在理论上加深了对后发企业创新追赶与战略管理理论之间联系的理解，在实践上则为后发企业提升创新能力提供了微观层面的指导。

7.1.1 研究背景

在当前经济背景下，我国后发企业正面临创新能力不足的挑战。尽管已有研究从机会窗口(吴晓波等，2019)、市场认知演化(彭新敏和刘电光，2021)、最优区分(彭新敏等，2022)等角度提出了后发企业创新竞争的策略，深化了对后发企业如何利用制度和市场因素实现从"追赶"到"超越"的转变的理解，但创新本质上源于现有知识和资源的重新组合(Liao and Phan，2016)。后发企业由于起步较晚，普遍缺乏足够的知识和资源来挑战市场上的在位企业。因此，如何在有限的内外部条件下，实现知识的有效获取、吸收和重组，以弥补自身能力的不足，是后发企业提升创新竞争力的关键。

与在位企业不同，后发企业在短时间内无法独立构建高价值的、稀缺的、不可复制的内部资源系统(Petti et al.，2019)，因此更倾向于与外部建立联系，从"企业中心创新"转向"网络中心创新"。网络范式的兴起促使学者从网络嵌入的角度考虑后发企业的创新追赶问题。例如，寿柯炎和魏江(2018)从知识架构的视角探讨了后发企业应如何配置网络合作伙伴，认为在不同产业特征的情景下，企业可以采用不同的架构以实现高创新绩效；应瑛等(2018)分析了后发企业在构建全球创新网络过程中可能面临的"开放性"和"与狼共舞"的悖论，并提出了后发企业价值独占的理论框架。现有研究多关注网络的整体特征，如网络边界、网络知识质量等。这些研究丰富了从创新网络角度对后发企业创新的整体认识。然而，随着产业技术的进步，仅停留在整体网络层面的研究已不足以解释目前处于快速发展阶段的后发企业创新追赶问题。

首先，后发企业的发展水平参差不齐。以我国企业为例，华为、海尔等企业已经积累了一定的技术和市场资本，正从创新追赶向创新超越转型，有能力参与国际市场竞争；而国内还有相当一部分企业仍处于创新追赶阶段，无论在资金、市场还是技术方面都无法与大型企业相提并论。其次，随着时间的推移，创新网络的动态演变会改变企业在网络中的位置，间接影响企业资源获取和行业影响力。因此，要深入了解后发企业如何利用外部合作网络实现创新，需要从个体网络视角分析不同网络位置下后发企业内外部资源的平衡问题。

此外，知识的吸收与重构也是企业创新的关键环节。知识资源观认为，知识基础是指企业可利用信息或知识的集合(An et al.，2022)，在企业知识吸收与创新方面发挥着重要作用(Chaudhary，2019；尹航和张龙泉，2021)。一方面，丰富的外部知识可能导致信息过载，而知识基础可以提高企业的认知能力，帮助其识别、筛选和消化有益知识。另一方面，企业拥有的知识组合是创造力的源泉，意味着后发企业可以利用知识基础充分挖掘有限的不同模块知识之间的联系，并进行重组以实现创新。

基于这两种观点的整合，一些学者开始将创新网络与知识资源观结合起来，研究它们对企业创新绩效的影响。田真真等(2020)构建了创新网络结构与合作创新绩效的理论模型，引入知识转移、知识距离作为中介和调节变量，探讨高新区企业合作网络开放度与包容度对创新的影响。Tang 等(2021)将产业知识网络集中度作为调节变量，研究企业知识基础对创新绩效的影响。但这些研究缺乏对后发企业绩效追赶情景下的创新分析。由于后发企业与在位企业的发展特点不同，在平衡内外部发展条件上需要面对 3 个独特性问题。首先，由于缺乏信任等因素，后发企业难以触及合作网络成员的核心知识。那么，从微观层面看，合作网络中的不同位置是否有助于后发企业获取更适配其技术性创新方向的高质量知识？其次，创新网络与知识基础对创新绩效的影响，研究结论存在争议。那么，在后发情景下，网络位置与知识基础对创新的影响究竟如何？最后，动态能力观认为，企业可以通过整合、建立、重构内外部能力来适应快速变化的外部环境(Teece et al., 1997)。那么，后发企业应如何平衡内外部资源以实现创新追赶呢？

基于以上分析，本节以后发企业创新追赶为研究方向，以外部创新网络、内部知识基础为研究维度，以机器学习为方法依托，研究企业内外部条件双向匹配对后发企业创新绩效追赶的影响机理，旨在理论上拓展后发企业创新追赶研究视角，在实践上为后发企业提升创新绩效提供有效指导。

7.1.2 理论基础

1. 后发企业优势

"后发"这一概念最初由美国经济学家亚历山大·格申克龙(Alexander Gerschenkron)于1962年提出。他在分析19世纪和20世纪的欧洲经济史时首次阐述了这一概念。格申克龙指出，在经济较为落后的国家和地区，工业发展往往能够实现更快的增长。到了20世纪末期，随着东亚新兴经济体的崛起，一些学者开始将后发概念与企业战略相结合，对其进行了进一步的拓展。迈克·霍布德(Mike Hobday)在1995年通过研究韩国、中国台湾、新加坡和中国香港的电子产业案例，提出了后发企业的定义：在国际竞争中同时面临技术和市场双重挑战的制造业企业。约翰·A·马修斯(John A. Mathews)在2002年将研究视野扩展至拉丁美洲等其他地区，并在总结前人研究的基础上，从行业进入、资源、战略意图和竞争地位4个维度对后发企业进行了界定。他强调，后发企业并非仅仅是后来进入行业的企业或初创企业，而是那些因历史条件而进入行业，以追赶现有企业为目标，同时面临资源和市场双重劣势的企业。

马修斯(2002)提出，后发企业不必遵循先行者的传统技术路径，而是可以利用后发优势来实现追赶。现有文献主要从技术和市场两个维度探讨后发企业的创新追赶问题。从机会窗口视角来看，技术范式的转变、市场周期的波动以及政策调控的实施，都可能开启机会窗口，为后发企业在技术创新方面提供赶超的机遇。基于双元性学习视角的研究人员则认为，通过探索与利用两种不同模式的学习方式，后发企业能够突破追赶的困境，不同阶段的后发企业可以利用双元性学习模式的动态调整来跨越追赶的陷阱(彭新敏等，2017)。颠覆性创新理论指出，采用颠覆性创新策略可以使后发企业避免与在位企业的直接竞争，打破传统技术发展路径，重塑现有的竞争规则。这些研究为后发企业如何实现跨越式发展提供了多样化的理论框架。尽管如此，从微观层面来看，目前对后发企业创新的研究仍然相对不足。

2. 合作网络位置与后发企业创新追赶

全球价值网络的演变和网络范式的兴起，为研究后发企业创新追赶提供了新的视角。后发企业往往技术能力较弱，难以完全依赖内部资源实现创新，因此必须通过外部网络来获取资源，以增强其创新追赶的能力。从社会网络的角度来看，企业能够通过占据网络的"中心位置"或"中间位置"来获取有效的市场信息，筛选商业机会以及评估市场风险(Du et al., 2021)。通常，研究中使用中心度(Centrality)来衡量中心位置，而结构洞(Structural Hole)指标则用于衡量中间位置。中心度反映了行动者在网络中所处中心位置的程度，是网络研究中极为重要的结构属性之一(Dong and Yang, 2016)。企业的网络中心度越高，其获取及时、多样化知识的能力就越强(Wang et al., 2019)。网络结构中，由于连接关系的缺失而造成信息流动受阻的空隙被称为结构洞(Burt, 2019)。在合作网络中，每个企业都扮演着信息源的角色，而处于结构洞位置的企业能够通过占据有利的结构位置来获取非冗余的网络信息和资源(Burt, 1992)。

网络位置对企业创新的影响是复杂的，其具体作用机制尚存在争议。一些学者认为，占据优势网络位置不仅有助于减少信息不对称，还能帮助企业发现和创造新的商业机会(Guo et al., 2021；何彬源等，2022)。这表明，通过优势位置，后发企业不仅能够吸收外部知识以弥补自身能力的不足，还能制定更具前瞻性的战略，从而跨越追赶的陷阱，实现跨越式发展。然而，也有研究指出，良好的网络位置并不总是能带来创新绩效的提升。中心企业虽然可以通过优势网络位置获取知识和信息，但同时要承担维护网络关系的成本，并面临网络中机会主义的威胁(Wang et al., 2019)。一些后发企业在缺乏行业核心技术的情况下，可能会通过模仿竞争对手来提升创新绩效。鉴于不同网络位置上的企业追赶模式存在差异，有必要对不同网络位置的后发企业进行分类，以便更有针对性地探索后发企业如何利用外部合作网络实现创新追赶。

3. 知识基础与后发企业的创新追赶

知识基础观是资源基础观的拓展。该理论将知识视为企业最具战略意义的资源(Grant, 1996)。目前的研究主要从企业知识基础结构的视角出发，阐释知识基础对企业创新的影响。知识基础宽度(Knowledge Breadth)横向展示了企业知识的多样性，一个广泛的知识基础能够从知识吸收、创意生成、战略规划等多个方面激发企业的创新能力(Chaudhary,2019；尹航和张龙泉,2021；Tang et al.,2021)。知识基础深度(Knowledge Depth)则纵向揭示了企业在特定专业领域的专业程度。一个深厚的知识基础有助于企业敏锐地察觉到创新过程中可能遭遇的复杂问题，并利用专业知识进行调整，从而提升企业创新的成功率(An et al.,2022)。

与市场竞争的视角不同，知识基础观更侧重于企业的技术能力，技术追赶可能先于或促成市场追赶(Miao et al.,2018)。在过去的时期，许多后发国家的企业利用低成本、低价格等后发优势参与国际市场竞争。随着国际分工的演变，这些新兴经济体的主要技术能力迅速提升，其后发企业正致力于通过掌握核心技术来提高在全球产业链中的地位，扩大国际市场份额。因此，深入探讨知识基础与创新追赶之间的联系，是将后发企业追赶的实践与理论相结合的关键路径。

7.1.3 研究设计

1. 数据收集

在先前的研究中，研究人员已经将东南亚国家的信息与通信技术(Information and Communications Technology,ICT)行业作为研究对象，以探讨后发企业的追赶策略。长期以来，欧美国家主导着全球芯片核心技术，并对尖端芯片制造工艺实施了技术封锁。作为全球最大的发展中国家，中国为了保障本国芯片产业的安全，正在积极推进芯片产业的发展。从理论和实践两个维度来看，中国的芯片企业完全符合后发企业的定义。因此，本文选取中国ICT产业中的SoC企业作为研究对象，旨在探讨后发企业应如何通过创新实现追赶。

本节利用PatSnap专利检索平台，以"SoC"为关键词，提取了"标题""摘要""当前申请人""IPC分类号""授权日期"等关键字段，搜集了中国SoC行业在2000—2021年授权的专利共计6 936项，这些专利涉及3 031家申请企业。在这些企业中，有562家与其他企业建立了合作关系。

2. 变量与测量

(1) 知识基础宽度(应瑛等,2018)。知识基础宽度描述了企业知识要素技术分类属性的差异，反映了企业知识要素分布的横向特征(后文详细解释)。度量

公式为

$$KB = 1 - \sum_{i=1}^{n} p_i^2 \tag{7.1}$$

式中，p_i 表示每一类专利数在总专利数中的比例；n 表示总专利类别。

(2) 知识基础深度(Zhang and Baden-Fuller，2010)。知识基础深度是指企业在特定领域的技术专业化程度，反映了企业知识要素分布的纵向特征(后文详细解释)。Zhang等(2010)认为，知识基础深度是知识要素集中度的度量，可以分两步测量。

首先，计算技术比较优势(RTA)：

$$RTA_{ij} = \left(\frac{A_{ij}}{\sum_j A_{ij}}\right) \bigg/ \left(\frac{\sum_i A_{ij}}{\sum_{ij} A_{ij}}\right) \tag{7.2}$$

式中，A_{ij} 表示企业 i 在技术领域 j 申请的专利数；分子表示企业 i 在技术领域 j 申请的专利占该企业所有专利的比例，分母表示所有企业在技术领域 j 申请的专利占所有企业所有专利的比例。

第二步，计算出所有企业的 RTA 之后，知识基础深度度量公式如下：

$$KD = \frac{\sigma_{RTA}}{\mu_{RTA}} \tag{7.3}$$

式中，μ_{RTA} 表示企业所有技术比较优势的均值；σ_{RTA} 为其标准差。

(3) 网络中心性。现有文献在度量企业的网络中心度时，常用指标有度中心度、中介中心度、接近中心度、特征向量中心度。本文采用钱锡红等(2010)学者的研究方法，选取度中心度、中介中心度、特征向量中心度 3 个指标，利用主成分分析法对 3 个指标进行降维，提取第一主成分——中心性(钱锡红等，2010)。根据算法结果，第一主成分贡献率为 0.84，对原变量的解释性较强，可以作为衡量企业中心性的综合指标。

(4) 结构洞。以约束系数来衡量，约束系数越大，节点对网络的依赖性越强；约束系数越小，节点对网络知识和资源的控制能力越大(Burt，1992)。度量公式如下：

$$C_{uv} = \left(p_{uv} + \sum_q p_{uq} p_{qv}\right)^2 \tag{7.4}$$

式中，p_{uq} 表示行动者 u 投入 q 中的关系占 u 投入总关系的比例。

(5) 企业创新绩效。专利数是衡量企业创新的常用指标(关健等，2022)。本节沿用以往研究的方法，利用专利数量数据衡量企业创新绩效。为了使数据更加稳定，在衡量企业创新绩效时对专利数量取对数：

$$Innovation = \ln N \tag{7.5}$$

式中，N 表示企业专利数量。

3. 研究思路

本节旨在解决3个核心问题：

① 在后发企业的创新网络中，主要有哪些类型的企业存在？
② 不同类型企业的网络位置特征是什么？
③ 在不同类型企业群体中，网络位置和知识基础如何影响其创新绩效？

本文从创新网络位置和知识基础两个维度出发，首先，利用网络中心性和结构洞作为聚类指标，对企业进行分类，以解答问题①。其次，通过分析聚类中心，描述不同企业类型的网络位置特征，从而解答问题②。再次，采用网络中心性、结构洞、知识基础宽度和深度作为条件属性，企业创新绩效作为决策属性，运用CART算法，对不同企业类型进行分析，以揭示决策规则，解决第三个问题。最后，为各类企业提供具有实际意义的启示。本节的研究思路框架如图7.1所示。

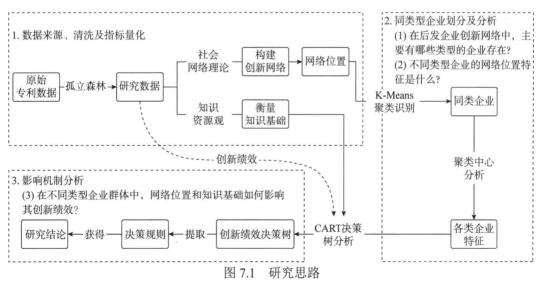

图 7.1　研究思路

7.1.4 研究过程与决策分析

构建创新网络之后,本文采纳基于 DAC 的理念,利用 K-Means 聚类算法将 SoC 行业中具有相似网络位置特征的企业进行聚合。针对不同类型的公司,本文应用 CART 算法来提取决策规则,以识别影响各类企业创新绩效的关键因素。

1. 数据异常值检测

孤立森林(Isolation Forest)算法是一种基于隔离原理的无监督学习算法,专门用于检测数据中的异常值。该算法在处理高维和大规模数据集时表现出低复杂度和高效率的优势(Liu et al., 2012)。在确保保留 90%数据的情况下,该方法成功识别出 57 家异常企业以及 505 家正常企业。为了评估孤立森林算法的效果,本文采用了方差分析来衡量算法应用前后各项指标的离散程度。从表 7.1 中可以看出,剔除异常值后,各项指标的方差普遍有所降低,这表明运用孤立森林算法排除异常点能够有效提升数据集的稳定性。

表 7.1 特征变量方差对比

数据	结构洞	网络中心性	知识基础宽度	知识基础深度
采用孤立森林算法前	0.03	2.54	0.07	0.26
采用孤立森林算法后	0.01	0.12	0.06	0.19
差值	0.02	2.42	0.01	0.07
变化率	66.67%	95.28%	14.29%	26.92%

2. 同类型企业聚类

K-Means 聚类算法,如前文所述,是一种高效的非监督学习实时聚类方法,以快速收敛和出色的聚类效果而著称。本文借鉴 SoC 企业的专利数据特征,采用 K-Means 聚类算法,并以网络中心性和结构洞作为分类指标,对样本企业进行细致的分类。为了确定 SoC 企业应被划分为哪些类型,首先利用肘部法则来确定最佳的聚类数目 K 值。

根据图 7.2 的数据显示,当分簇个数介于 1~4 时,平均离差的变化较为显著;当分簇个数超过 4 时,平均离差的变化则相对较小。基于此,可以得出结论,对于 SoC 企业而言,合作创新数据的最优聚类 K 值为 4。通过应用 K-Means 聚类算法,可以将 SoC 企业细分为 4 种类型,每种类型的企业数据特征在图 7.3

中有详细展示。图 7.3 揭示了 505 家 SoC 企业的网络位置特征。在 SoC 产业中，一些企业构建自我中心的合作网络时展现出相似的模式，这导致图 7.3 中出现了许多网络位置特征的重合点。此外，由于组织发展的独特性，不同类型的 SoC 企业在构建合作网络和选择网络位置时，会根据自身的战略目标进行相应的调整，从而形成了具有不同网络位置类型的企业群体。

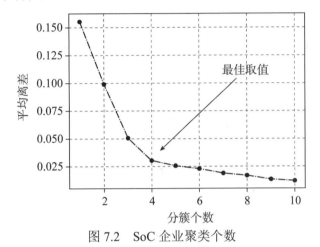

图 7.2　SoC 企业聚类个数

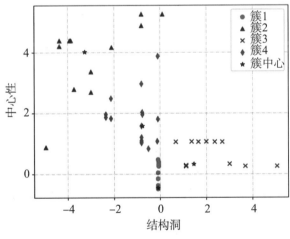

图 7.3　SoC 企业数据特征及分类

依据专利数据，SoC 企业被划分为 4 种类型，每种类型以一个五角星表示其聚类中心。通过分析这些聚类中心，可以揭示不同类型企业的网络位置特征。第一类企业，即簇 1，展现了低中心性和中等结构洞的特征，表明这些企业在网络中拥有的知识和资源并不丰富，合作伙伴数量有限，可被定义为"收束型企业"。第二类企业，即簇 2，具有高中心性和高结构洞的特征，这说明簇 2 企业在网络中拥有众多合作伙伴,并且对网络资源具有较强的控制力,因此是"枢纽型企业"。第三类企业,即簇 3,呈现出低中心性和低结构洞的特征,表明这些企业在网络中处于较为边缘的位置,因此是"边缘型企业"。第四类企业,即簇 4,具有中等中心性和中等结构洞的特征,表明这些企业在网络中的合作规模适中,对网络资源的控制能力一般,属于"中庸型企业"。

从表 7.2 中可以看出,在 SoC 行业中,收束型企业和边缘型企业的比例较高,这表明该行业缺乏大规模的合作网络。样本企业中大多数企业之间的合作联系并不紧密,倾向于在较小的范围内进行合作,而不愿意扩大合作规模。这种现象的产生可能与我国 SoC 行业正处于快速发展阶段有关,行业内的竞争异常激烈。在这种背景下,多数企业选择将关键资源掌握在自己手中,以确保竞争优势。

表 7.2 SoC 行业各类企业基本信息

序号	企业类型	结构洞	网络中心性	知识基础宽度	知识基础深度	数量/个	样本占比/%	高绩效占比/%
1	收束型企业	1	-0.39	0.14	0.24	362	71.68	39.23
2	枢纽型企业	0.6	1.11	0.17	0.28	16	3.17	56.25
3	边缘型企业	1.15	-0.09	0.05	0.08	82	16.24	24.39
4	中庸型企业	0.92	0.36	0.2	0.35	45	8.91	40.00

3. 相关性分析

为了探究各项指标与企业创新绩效之间的联系,分别绘制这些指标与创新绩效之间的散点图。如图 7.4 所示,结构洞和网络中心性与企业创新绩效之间的相关性几乎可以忽略不计,而知识基础宽度和深度与企业创新绩效之间则呈现出轻微的正相关关系。这一发现进一步证实了企业创新绩效是由多种因素共同作用的结果,并且无法仅通过单一回归分析来获得研究结果。此外,企业数据的多样性和庞大的数据量表明,解释变量与被解释变量之间可能存在复杂的非线性关系。因此,采用决策树算法将有助于更准确地阐释这些因素是如何影响企业创新绩效的。

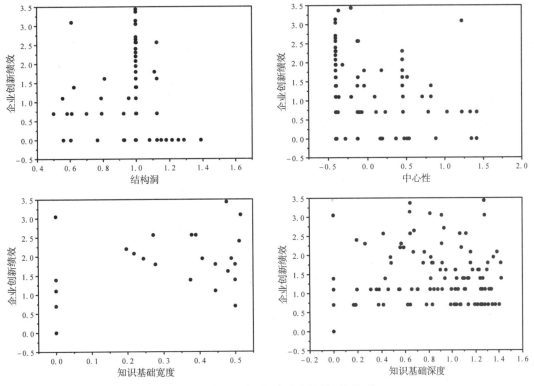

图 7.4 特征指标与企业创新绩效关系

4. 企业创新绩效规则分析

企业能力理论强调，相较于外部环境，企业的内部条件在获取市场竞争优势方面扮演着更为关键的角色。企业能力的体现——知识基础，不仅决定了企业对合作伙伴的选择，还塑造了企业合作网络的结构。因此，在对 SoC 企业进行分类的基础上，本节引入知识基础深度与知识基础宽度两个内部特征，以及企业外部网络中心性与结构洞作为条件属性。同时，将创新绩效的高低作为决策属性，运用 CART 算法，分别对 4 种类型的企业提取决策规则，以探究内外部因素是如何共同影响后发企业的创新绩效的。如表 7.3 所示，置信度是指支持决策规则的样本数占总样本数的比例。其值越大，表明支持决策规则的样本企业数量越多。支持率则是指符合决策规则的企业在支持该规则的样本企业中的比例，其值越高，意味着决策规则的可信度越大。

表 7.3 决策规则表

企业类型	结构洞	中心性	知识基础宽度	知识基础深度	支持率/%	置信度/%	企业创新绩效
收束型企业	—	≤-0.4	≤0.1	—	66.57	89	低
	—	>-0.4	≤0.1	—	7.18	81	高
	—	—	>0.1	—	26.24	100	高
枢纽型企业	≤1.34	—	—	—	50	100	高
	>1.34	—	—	—	50	88	低
边缘型企业	—	≤-0.13	≤0.14	—	4	67	高
	—	≥-0.13	≤0.14	—	85	87	低
	—	—	>0.14	—	11	100	高
中庸型企业	—	≤1.05	≤0.22	—	64.44	93	低
	—	>1.05	≤0.22	—	2.22	100	高
	—	—	>0.22	—	33.33	100	高

从宏观视角审视，首先，知识基础宽度与网络的中心性是决定后发企业创新绩效的关键因素；其次，结构洞与知识基础深度在决策规则表中未能显现出对企业创新绩效的显著影响。从决策树分类的视角分析，仅通过中心性和知识基础广度这两个变量，便能清晰地识别出后发企业创新追赶的路径。相比之下，结构洞与知识基础深度对 SoC 芯片企业创新的影响相对有限。最后，在不同的企业群体中，企业创新追赶路径存在差异，这充分强调了对后发企业进行分类讨论的必要性。

从决策规则的角度出发，本文分析了内外部因素对不同后发企业群体创新绩效的协同影响机制，结果如下。

(1) 收束型企业的创新绩效主要受到知识基础宽度(以下也称知识基础广度)和中心性的影响，如图 7.5 所示。结合表 7.3 的数据，收束型企业的中心性较低，结构洞指数不高，其知识基础在行业中处于中等水平。当知识基础广度超过 0.1 时，收束型企业对网络的依赖性较低，意味着企业能够利用自身资源实现高水平的创新绩效。然而，当知识基础广度低于 0.1 时，收束型企业的创新绩效则受到中心性的影响：若中心性小于-0.4，企业不仅内部知识不足以支撑创新追赶，而且外部合作伙伴的缺乏还会导致企业在信息获取、资源积累、知识重组等方面落后于竞争对手；若中心性大于-0.4，企业则可以通过外部网络来弥补内部知识能力的不足，从而提升创新绩效。

在样本企业中，收束型企业占比最大，反映出后发企业创新网络整体合作规模较小,知识流动性较弱的特点。那些拥有知识基础宽度较大的企业能够掌握创新所需的多元化知识,对网络的依赖性较小,能够充分运用已有知识进行知识重组,从而提高创新绩效。而那些知识基础宽度较小的企业则需要通过与外部企业的合作来获取足够的资源,以实现更高效的创新追赶。从收束型企业创新绩效的决策规则中可以看出,只要企业拥有足够丰富的知识基础,就不必过分关注从获取资源的角度构建合作网络,而应将注意力转向识别未来的机遇与威胁等战略目标。

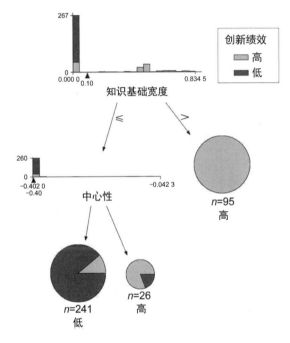

图 7.5 收束型企业决策树

(2) 枢纽型企业创新绩效主要受中心性因素影响,如图 7.6 所示。

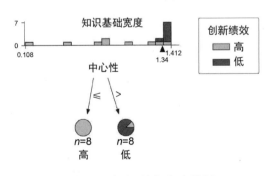

图 7.6 枢纽型企业决策树

枢纽型企业在网络中占据着有利的"中心位置"和"中间位置",并且其知识基础在行业中处于中上水平。如表 7.3 所示,当中心性数值不超过 1.34 时,这类企业会将合作规模维持在合理的界限内,避免投入过多的网络成本,同时利用有利的网络位置来获取多样化的知识和资源,以促进创新。在这种情况下,枢纽型企业的创新绩效往往较高。然而,当中心性数值超过 1.34 时,表明企业正在不断扩展其合作伙伴网络,庞大的网络规模导致企业必须投入大量资源来维护这些关系。随着合作伙伴数量的增加,企业获取的资源冗余程度也会提高,增加了资源整理上的难度,从而导致创新绩效降低。

与其他企业相比,枢纽型企业拥有更多的合作伙伴,并且对网络资源的控制能力也更为强大。在这种情况下,企业可以根据自身的知识储备、创新需求和战略目标来优化外部合作网络结构,将网络投入控制在合理的范围内,以获取尽可能高的网络效益,进而进一步提升企业的创新绩效。

(3) 边缘型企业创新绩效受知识基础宽度和中心性影响,如图 7.7 所示。

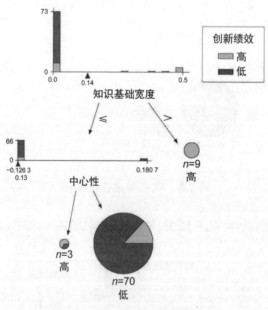

图 7.7 边缘型企业决策树

边缘型企业通常中心性较低,对网络知识和资源的控制能力较弱,其知识基础在行业中处于较低水平。如表 7.3 所示,当知识基础宽度超过 0.14 时,企业展现出较强的知识吸收能力,知识重组的可能性增多,从而增大了创新的概率。在这种情况下,边缘型企业的创新绩效往往较高。然而,当知识基础宽度小于 0.14 时，创新绩效则受到中心性的影响。若中心性低于-0.13，边缘型企业内外部驱动因素的匹配程度较高，这通常会导致企业创新绩效的提升。一方面，企业合作方较少，网络维护成本相对较低；另一方面，网络外溢的知识较少，对边缘型企业的知识整理和吸收能力要求不高。相反，当中心性高于-0.13 时，边缘型企业往往无法通过其薄弱的知识基础来识别和吸收复杂的外部网络知识，这间接导致了创新效率的降低。

总体而言，边缘型企业的整体创新绩效往往偏低。问题在于，大多数边缘型企业在知识基础不够丰富的情况下，盲目拓展合作网络，导致其薄弱的知识基础无法有效支撑企业吸收和利用网络知识。因此，当知识基础不够宽广时，边缘型企业应以自身能力为构建合作网络的基点，确保自我中心网络中的知识数量和知识复杂度与企业知识吸收和消化能力相匹配。

(4) 中庸型企业创新绩效主要受知识基础宽度和中心性影响，如图 7.8 所示。

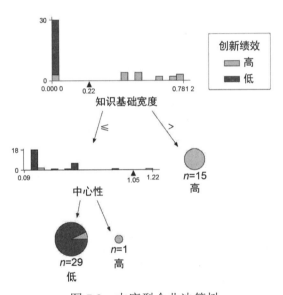

图 7.8　中庸型企业决策树

中庸型企业的中心性和结构洞指数并不突出，然而其知识基础却处于行业内的较高水平。如表 7.3 所示，当知识基础宽度超过 0.22 时，该类企业在知识获取、吸收、重组这三个方面的都表现出色。在这种情况下，中庸型企业的创新绩效往往较高。相反，如果知识基础的宽度小于或等于 0.22，创新绩效则受到中心性的影响：当中心性小于 1.05 时，中庸型企业会遭遇知识基础和网络位置的双重劣势，既无法依靠自身力量提升创新能力，也无法通过网络关系获取具有强大竞争力的知识和资源；而当中心性大于 1.05 时，中庸型企业能够借助外部网络资源来弥补知识基础的不足，进而推动创新。

与其他类型的企业相比，中庸型企业的整体知识基础更为广泛和深厚。这赋予了它们较强的"企业中心创新"能力。一旦自身知识基础变得薄弱，中庸型企业可以转变策略，采取"网络中心创新"的方式，通过扩大合作范围，占据网络中的"中心位置"，从而获取更多可用资源。

7.1.5 结论与启示

本文聚焦 SoC 芯片企业，采用 K-Means 聚类算法和 CART 决策树算法作为主要研究工具，结合社会网络理论与知识资源观，探讨了在不同情境下，网络位置和知识基础如何对后发企业的创新绩效产生非线性影响，得出以下主要结论。

(1) 网络位置的不同会对后发企业的创新活动产生差异化的影响。企业在构建外部创新网络时，应警惕所谓的"网络位置悖论"，即并非所有有利的网络位置都能有效提升创新绩效。通过 K-Means 聚类分析，本文认为后发企业可被划分为四种类型：收束型企业、枢纽型企业、边缘型企业、中庸型企业。其中，收束型企业和中庸型企业的创新绩效与网络中心性呈正相关，而枢纽型企业和边缘型企业的创新绩效则与网络中心性呈负相关。

(2) 关于创新网络与知识基础对创新绩效影响的研究结论存在分歧，原因在于每个企业是一个独特的复杂系统，发展路径和模式与其他企业存在差异。CART 决策树分析显示，在后发企业的情境下，知识基础对提升企业创新绩效具有显著的正面效应。这是因为后发企业相较于在位企业通常技术创新能力较弱，因此丰富的知识基础更有利于推动企业创新。同时，由于不同类型后发企业受网络位置影响的机制各异，企业必须仔细评估内外部环境，并谨慎构建合作网络。

(3) 在创新追赶的过程中，后发企业应优先考虑丰富内部知识基础，并根据战略目标调整网络位置。知识基础较为丰富的后发企业可以采取"企业中心型创新"方式，不必完全依赖合作网络来获取知识和资源。在这种情况下，企业可以减少以知识获取为目的的合作关系，转而构建旨在争取行业话语权的合作网络。知识基础薄弱的后发企业则需要综合考虑企业能力与网络知识的异质性，构建一个平衡内外部环境的自我中心合作网络。

本文的创新点和贡献主要体现在以下几个方面。

(1) 扩展了马修斯关于后发企业如何克服"资源地位障碍"的研究，证明了即便在知识资源有限的情况下，后发企业也能通过创新网络获取竞争资源。然而，在构建创新网络的过程中，必须警惕"网络位置悖论"。

(2) 针对创新网络和知识基础对创新绩效影响研究结论的分歧，采用分类方法，通过研究后发企业的创新追赶，揭示了企业间异质性是导致该现象的原因。这为后续的管理研究提供了新的视角，并有助于获得更具体的管理启示。

(3) 现有的后发企业研究多采用案例分析法，其结论的普遍适用性有限。利用专利数据构建合作网络和衡量知识基础，运用数据驱动的方法分析创新追赶机制，增强了研究结论的普遍适用性。

7.2 后发企业如何走出创新困境？——基于知识能力视角

识别后发企业创新的影响路径，可为企业提供平衡内外部知识环境的优化策略，从而助力后发企业增强知识能力，并加速实现追赶。本文选取 SoC 芯片行业的共同专利权人作为研究对象，引入知识能力的视角，并从知识基础与创新网络这两个维度出发，运用数据驱动的方法深入探究了不同类型后发企业创新的影响路径及其提升策略。研究发现：①依据内外部知识环境的特征，后发企业可被划分为复杂驱动型、知识优势型和位置扰动型三种类型；②在单层级与多层级的不同路径下，同一影响因素对创新的作用表现出差异性；③后发企业能够通过优化知识基础和创新网络结构，提高知识能力水平，从而克服潜在的创新障碍。

7.2.1 研究背景

党的十九届五中全会强调了创新在国家现代化建设全局中的核心作用，并将科技自立自强定位为国家发展的战略支撑。作为创新主体的一部分，后发企业需要积极适应市场需求，提高技术研发能力。然而，技术隔离的先天性劣势和追赶过程中的陷阱，为后发企业的技术创新之路设置了重重障碍。本文从知识能力的角度分析后发企业在技术创新中遇到的困境，并为后发企业如何利用内外部知识环境增强创新能力提供建议。

如前文所述，后发企业一般通常指的是在技术和市场方面都处于劣势的发展中国家的制造业企业(Hobday，1995)。后发企业的主要目标是追赶行业领导者(Mathews，2017)，挑战既有的技术和市场框架。现有研究从政策、技术和组织等多个角度探讨了影响后发企业创新的因素。政府的公共政策与后发企业的发展紧密相连。例如，东亚地区的高新技术产业正是通过政府的策划，成功布局产业并挑战行业技术标准。Miao 等人(2018)提出，对于后发企业而言，技术追赶往往先于市场追赶。后发企业的创新能力发展会经历技术仿制、技术改进、技术推广和最终技术赶超等阶段，主要提升途径是技术学习。为了实现创新突破，后发企业不仅要在技术上有所提升，还须与市场建立有效的互动机制。彭新敏和马帅(2022)认为，通过国际领先客户的反馈，后发企业能够把握国际市场的潜在需求，进而引导新技术的产生和应用。

然而，创新的根源在于企业对知识的运用和重组。从更微观的角度来看，现有研究在一定程度上忽视了后发企业与知识系统双重复杂性的相互作用。一方面，后发企业的发展具有跳跃性(Peng et al.，2022)，这与知识创新的特性相似(Zhao et al.，2020)。另一方面，知识体系构建既涉及对外部知识的获取，也包括对内部知识的利用。尽管部分后发企业能够获取外部知识，但在知识内化方面仍面临挑战。因此，必须调动后发企业的知识能力。本文基于知识资源观，在现有研究的基础上提出问题：在已知的内部知识系统和复杂的外部网络环境双重作用下，后发企业应如何平衡内部资源与网络构建的关系，以提升创新能力？

后发企业的知识能力在一定程度上与在位企业不同，这是由其技术劣势和"伙伴选择"难题(寿柯炎和魏江，2018)导致的。因此，从知识能力的角度探讨后发企业创新问题具有重要的现实意义。从现有研究的局限性来看，研究还需解决以下三个问题。

① 大多数关于后发企业的文献中的研究采用案例研究方法，选取具有代表性的企业作为研究对象，并将结论推广至整体。这忽略了环境变化的多样性和企业间的差异性。那么，在不同的发展环境中，可能会产生哪些类型的后发企业？

② 学界普遍认为后发企业的创新受到多种因素的影响，在知识框架下，其创新路径有何特点？

③ 知识能力研究结果表明，企业在发展过程中能够动态平衡内外部的知识和资源，以实现协调发展。那么，在全球产业链不断升级、技术更新速度加快

的当下，不同类型的后发企业应如何克服创新困境，实现赶超？

为了解决上述问题，本文以后发企业创新为研究方向，以知识能力为研究视角，结合知识基础观和社会网络理论，并以机器学习为技术支撑，探讨企业如何突破创新困境。本文旨在从理论上拓展后发企业创新网络的研究视角，并在实践上为后发企业提升创新能力提供有效的指导。

7.2.2 文献梳理

1. 知识能力视角的引入

知识能力包括企业三个层面的能力。首先，它涉及对企业现有的知识、资源和能力的识别；其次，它关乎企业从外部获取发展动力的能力；最后，它关乎企业平衡和协调内外部知识、资源以适应环境变化的能力(党兴华和张巍，2012)。知识基础观特别强调知识能力的第一层能力，重视企业现有的知识储备，并认为知识基础在创新过程中扮演着关键角色。从知识吸收的角度来看，当企业接触到的外部知识与已有知识具有相关性时，更容易被企业吸收(Yayavaram & Ahuja, 2008)。因此，随着知识基础的不断巩固，后发企业将能更高效地筛选和内化外部知识。从创新想法产生的角度来看，知识基础越雄厚的后发企业，其洞察各知识模块之间联系的能力越强，知识组合的可能性也越多(曾德明和陈培祯，2017)。后发企业能够选择更具创新价值的知识进行重组，甚至借此改变行业技术范式。

与侧重于组织内部现有知识资源的观点不同，社会网络理论常被用来阐释知识能力的第二层能力。现有研究指出，在知识经济时代，企业需要通过与外部企业的合作来获取行业前沿知识和信息，避免孤立无援的创新。信息获取是企业创新的关键环节，对于正从"企业中心创新"向"网络中心创新"转变的后发企业来说尤其重要(Chang et al., 2013)。已有研究显示，后发企业比在位企业更依赖创新网络(Qin & Sun, 2022)。一方面，后发企业难以仅凭自身力量构建由成熟在位企业建立的资源系统(Petti et al., 2019)，需要通过与外部环境的互动来加速资源构建；另一方面，由于市场标准通常由在位企业制定，在短期内难以对行业产生颠覆性影响的情况下，后发企业需要通过合作网络确保自身的合规性。

尽管已有文献探讨了知识基础和创新网络对后发企业创新的影响，但关于内部知识与外部网络结构之间共演机制的讨论仍然不足。

2. 后发企业创新与知识基础观

知识基础观将知识视为组织最为关键的战略资源(Grant, 1996),并认为企业创新源于知识的积累与重组(王泓略等, 2020)。当前研究通常采纳二维度视角, 将知识基础划分为知识基础宽度与知识基础深度两个维度(赵炎等, 2022), 并将其作为前因变量和权变变量, 以探究其对后发企业创新的影响。知识基础宽度指的是企业技术所覆盖的知识领域范围, 反映了企业知识的横向特性(Albort-Morant et al., 2018)。知识基础深度则指企业在特定技术领域内所掌握的知识元素的复杂度和专业性, 体现了企业知识的纵向特性(Zhang et al., 2019)。从创新产生的视角来看, 知识基础有助于推动后发企业的探索式创新与利用式创新(Nguyen, 2021)。一方面, 获取新知识的企业往往会在新知识的基础上增加研发投资, 以培养新的能力, 实现技术追赶。这表明知识基础宽度有助于提升后发企业的研发投入, 进而促进利用式创新。另一方面, 一个在特定领域拥有深厚知识储备的公司, 更有可能围绕现有产品和服务开发出新的产品和服务, 即发生探索式创新。从产品特性角度看, 技术复杂度源自知识基础的深度与宽度两个维度。后发企业若要实现技术追赶, 首先需要在知识基础的这两个维度上通过"吸收"和"渗透"机制, 突破技术广度复杂性和技术深度复杂性的限制(黄晗等, 2021)。

基于上述分析, 本文将知识基础的两个核心维度——知识基础深度与知识基础宽度纳入研究框架, 以探究知识要素对后发企业创新的影响。

3. 后发企业创新与社会网络理论

后发企业(后来居上的企业)在进入市场时, 往往会发现先入者已经确立了市场优势和规则。为了获得必要的资源, 后来者必须与外部环境建立联系(Liu et al., 2022)。因此, 通过合作网络获取有价值的知识和资源已经成为后发企业创新的关键途径之一。社会网络理论将合作网络分为整体网络和自我中心网络两个层面, 其中自我中心网络的结构特征主要反映了个体所维护的社会关系结构(关鹏等, 2021), 这对于研究网络个体的权力和影响力具有重要意义。

网络规模和网络密度是衡量创新网络内主体间联系的两个重要指标。网络规模指的是网络中的合作伙伴数量, 反映了创新网络的理论知识总量及其可获得性(周文浩和李海林, 2022)。Mathews(2017)指出, 后发企业可以通过"联系

—杠杆—学习"战略来追赶市场先驱。网络规模一方面为后发企业提供了与其他主体建立直接或间接联系的可能性,但另一方面也增加了企业的资源整合成本。因此,企业若想通过合作网络规模来提升创新绩效,就需要将其控制在一个合理的范围内。

网络密度是指合作网络中所有主体之间实际的合作关系连接数量与所有可能存在的合作关系连接数量之比,体现了合作网络中各主体之间的关系密切程度(刘军,2014)。从知识传递的角度来看,合作主体间关系越密切,信息传递的速度和效率就越高,这有利于降低企业获取外部知识的成本;从外部价值网络重构的角度来看,紧密联结的价值网络有助于后发企业提高与合作者的联结质量、拓展联结深度,进一步推动外部价值网络重构,实现价值再分配(魏旭光等,2020)。然而,也有学者提出,在过于稠密的创新网络中,知识容易趋于同质化,这不利于网络成员接触外界知识,容易导致知识刚化(杨晔和朱晨,2019)。

网络中心性和结构洞分别代表了企业在合作网络中占据的"中心位置"和"中间位置"。网络中心性指的是一个公司在其与其他网络成员的联系中占据中心地位的程度,它体现了企业跨越多个知识来源的能力(Li et al.,2019)。结构洞是指网络中两个互不相连的公司之间的代理位置,强调的是企业连接异质性资源伙伴的能力(Burt,2019)。创新网络位置对后发企业创新的影响是双刃剑。一方面,优势网络位置可以使后发企业接触到更多的异质性信息,从而判断市场偏好,识别行业风险和机遇,推动外部价值网络重构;另一方面,当企业处于优势的"中心位置"和"中间位置"时,不仅可能会出现信息过载,网络边际效应递减的情况,还要面临更大的网络机会主义威胁。因此,解决创新网络对后发企业创新影响问题的关键在于,如何构建与合作动机相匹配的交互学习机制。

基于以上分析,本文将网络结构特征中的网络规模、网络密度、中心性和结构洞纳入研究框架。

7.2.3 研究设计

1. 数据收集

在过去的几十年里,信息和通信技术(ICT)行业经历了多次重大的技术范式转变。在此过程中,中国的部分企业开始在全球市场中脱颖而出。众多学者开始关注中国ICT企业，试图解开这些后发企业如何实现快速发展的谜题(Kim & Park, 2019)。从理论和实践的角度来看，尽管中国ICT企业在国际产业链中取得了一定的地位，但在掌握行业核心技术方面仍处于不利位置，与发达国家和地区的企业相比，在全球市场上的竞争力还有待提升。鉴于此，本文认为，中国ICT企业符合后发企业的定义，并选择ICT领域中的系统级芯片(SoC)企业作为研究对象，旨在探讨后发企业的创新路径及其提升策略。

以"系统级芯片(SoC)"为关键词，搜集了2000—2021年授权的专利数据，共计6936项。这些数据包括标题、摘要、当前申请人、国际专利分类号(IPC)以及授权日期等关键信息。通过这些数据，本文识别出了3031家专利申请单位和562家合作单位。

2. 变量与测量

(1) 知识基础宽度(Albort-Morant et al., 2018)。其反映了企业内部知识的水平维度，体现了企业知识多元性。知识基础宽度越大，说明企业知识组合选择更多，常用异质性指数度量，公式为：

$$KB = 1 - \sum_{i=1}^{n} p_i^2 \tag{7.6}$$

式中，p_i表示每一类专利数在总专利数中的占比，n表示总专利类别。

(2) 知识基础深度(Zhang et al., 2019)。其反映企业内部知识的垂直维度，体现了企业在技术领域内的专业性，可分两步测量。

第一步，计算技术比较优势(RTA)：

$$RTA_{ij} = \left(\frac{P_{ij}}{\sum_j P_{ij}} \right) \Big/ \left(\frac{\sum_i P_{ij}}{\sum_{ij} P_{ij}} \right) \tag{7.7}$$

式中，P_{ij}表示企业i在技术领域j申请的专利数。分子表示企业i在技术领域j申请的专利占该企业所有专利的比例，分母表示所有企业在技术领域j申请的专利占所有企业所有专利的比例。

第二步，计算出所有企业的RTA之后，知识基础深度度量公式为：

$$KD = \frac{\sigma_{RTA}}{\mu_{RTA}} \tag{7.8}$$

式中，μ_{RTA} 表示企业所有技术比较优势的均值，σ_{RTA} 为其标准差。

(3) 网络规模。其指企业所处网络中合作者的数量，记为 N。

(4) 网络密度(刘军，2014)。其指网络中实际存在的合作关系数(边数)与理论上可能存在的最大合作关系数(边数)的比值，衡量公式为：

$$D = \frac{2L}{N(N-1)} \tag{7.9}$$

式中，L 表示网络中实际存在的合作关系数(边数)。

(5) 网络中心性。Dong 等(2016)认为，过度简化中心性，即仅用度中心度、中介中心度等单项指标来衡量网络中心性对创新绩效的复杂影响是不合理的。为了使指标度量更科学，同时降低数据噪声，采用钱锡红等人(2010)度量中心性的方法，通过主成分分析法(Principal Component Analysis，PCA)对度中心度、中介中心度、特征向量中心度进行降维处理，抽取第一主成分——中心性。根据 PCA 算法结果，第一主成分贡献率为 84%，在达到数据降维的目的下，保留了较多原向量特征，可以作为解释网络中心性的综合指标。

(6) 结构洞(Burt，2019)。用 2 减去约束系数衡量，结构洞指数越高，企业在网络中所能接触到的知识冗余程度越低。公式为：

$$SH = 2 - \left(p_{ij} + \sum_q p_{iq} p_{jq}\right)^2 \tag{7.10}$$

式中，p_{iq} 表示企业 i 投入企业 q 的关系占企业 i 所有投入关系的比例。

(7) 企业创新绩效。沿用已有研究的方法，利用专利存量衡量在追赶情境下的企业创新绩效。为了使数据更加稳定，在衡量企业创新绩效时对专利数量取对数，公式为：

$$Innovation = \ln N \tag{7.11}$$

式中，N 为企业专利数量。

3. 研究思路

本文旨在解决以下关键问题：

① 基于知识和网络特征，后发企业可以被划分为哪些类别？

② 不同类型后发企业的创新影响路径是怎样的？

③ 不同类型的后发企业应如何挑选创新策略以提高创新绩效？

为全面审视研究问题并确保数据的可获取性，本文从知识基础和创新网络两个维度构建了研究框架。首先，为了探究后发企业创新路径的差异性，选取了这两个维度的指标作为聚类基础并进行量化和预处理，解决问题①，进一步地采用 K-Means 聚类算法对企业进行分类，探究基于知识网络特征的企业存在哪几种异质性类别，以解答问题②。最后，通过贝叶斯网络分析深入探讨后发企业类型的创新路径及其提升路径，以解决问题③。研究的具体思路如图 7.9 所示。

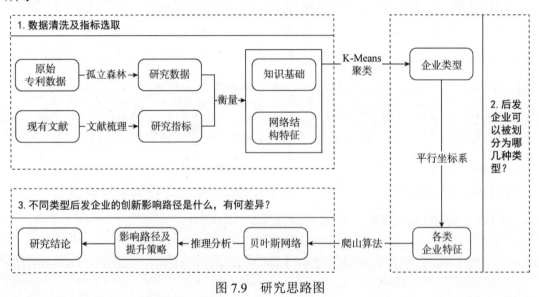

图 7.9 研究思路图

7.2.4 研究过程与分析

为了解决后发企业在创新过程中面临的由内外部因素共同构成的"黑箱"问题，并得出具有针对性的研究结论，本文首先采用 K-Means 聚类算法将具有相似创新驱动因素的后发企业进行归类，随后运用贝叶斯网络分析不同类型企业的创新影响路径以及提升创新绩效的策略。

1. 数据清洗

通过应用孤立森林算法，并保留90%的数据集，能够有效地在保持数据主要特征的同时，增强数据的整体稳定性。根据算法的分析结果，成功识别出 57 个异常单位和 505 个正常单位。为了评估孤立森林算法对数据离散程度的影响，使用标准差作为衡量指标。表 7.4 展示了在剔除异常值之后，各项指标的标准差均有显著降低，这表明数据的稳定性得到了明显提升。

表 7.4 孤立森林前后标准差对比

数据	知识基础宽度	知识基础深度	网络规模	网络密度	中心性	结构洞
孤立森林前	0.268	0.51	17.718	0.311	1.592	0.165
孤立森林后	0.251	0.474	14.824	0.269	0.321	0.098
差值	0.017	0.036	2.894	0.042	1.271	0.067

2. 同类型企业聚类

通过分析 SoC 芯片企业的数据特征，可以观察到企业间在各项指标上展现出整体的差异性和局部的相似性。因此，为了深入理解不同类型企业的特点，必须准确地识别这些企业，并细致分析后发企业创新影响的路径。依据肘部算法和 K-Means 聚类算法的结果，本文将 SoC 芯片企业划分为三个类别，每个类别的数据特征如图 7.10 所示。

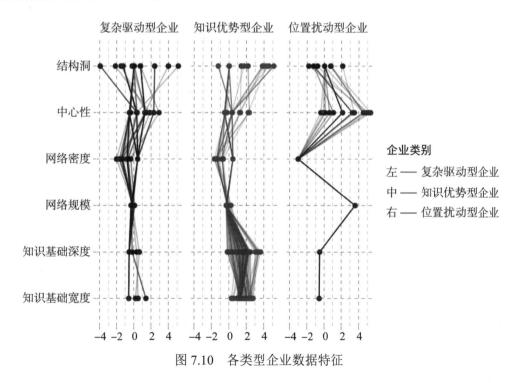

图 7.10 各类型企业数据特征

本图 7.10 中可以观察到：第一类企业的网络规模相对统一，而其他指标则显示出较大的分散性。这些企业的创新绩效受到内部知识基础和外部创新网络的双重影响，因此可以被归类为复杂驱动型企业。第二类企业在知识基础的深度和广度方面普遍超越了第一类和第三类企业，因此它们被定义为知识优势型企业。第三类企业在知识基础的宽度、深度、网络规模和网络密度这四个维度上表现得相对一致，但在中心性和结构洞这两个维度上则显示出较大的分散性。这表明第三类企业的创新绩效主要受到中心性和结构洞的影响，因此它们属于位置扰动型企业。各类企业的基本信息汇总见表7.5。

表 7.5 各类企业基本信息汇总表

企业类型	知识基础宽度	知识基础深度	网络规模	网络密度	中心性	结构洞	数量	样本占比	高创新绩效占比
	均值								
复杂驱动型	0.006	0.004	2.633	0.953	-0.288	0.984	341	67.52%	18.4%
知识优势型	0.553	0.988	2.641	0.91	-0.329	1.031	128	25.35%	100%
位置扰动型	0	0	60	0.066	0.564	0.979	36	7.13%	25%

根据表 7.5 的数据，知识优势型企业的创新绩效概率达到了 100%。为了深入探究各特征指标对知识优势型企业创新绩效的影响程度，本文将这六项指标逐一纳入聚类算法中进行验证。结果表明，在排除知识基础宽度这一指标后，对样本数据进行聚类分析时，知识优势型企业的流动性达到最高，损失值为 15。由此可见，知识基础宽度对知识优势型企业的创新绩效具有显著的影响。

3. 贝叶斯网络分析

(1) 贝叶斯网络构建。

为了深入研究不同类型后发企业的创新影响机制，本文采用贝叶斯网络进行解析。首先，利用 SAX 离散化算法将特征指标和创新绩效划分出高、低层次；其次，采用爬山算法构建贝叶斯网络；最后，将离散化结果输入 Netica 软件进行参数学习。在知识优势型企业中，高绩效的比例达到 100%，其显著的知识基础优势使得其他维度指标对创新的影响难以显现，因此，对于识别后发企业创新困境的贡献有限。基于此，本文不再对这类企业进行路径推演。复杂驱动型企业和位置扰动型企业的贝叶斯网络模型分别如图 7.11 和图 7.12 所示。

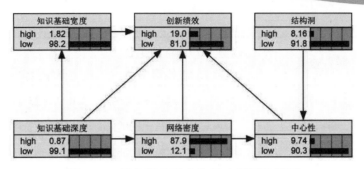

图 7.11 复杂驱动型企业贝叶斯网络模型

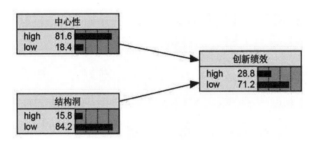

图 7.12 位置扰动型企业贝叶斯网络模型

(2) 贝叶斯因果——变量关联度分析。

根据已构建的贝叶斯网络可知,当对创新绩效有影响的特征变量变化时,创新绩效本身也会产生相应变化。通过关联度 ϑ 衡量特征变量对创新绩效的影响程度(敦帅等,2021),公式如下:

$$\vartheta = \frac{\theta_c^1 - \theta_c^0}{\theta_f^1 - \theta_f^0} = \frac{\Delta \theta_c}{\Delta \theta_f} \tag{7.12}$$

式中,θ_c 表示创新绩效概率,θ_c^0 和 θ_c^1 分别表示变化前后的创新绩效概率,θ_f 表示特征变量概率,θ_f^0 和 θ_f^1 分别表示变化前后的特征变量概率。

在贝叶斯网络基础模型中,以创新绩效高状态概率提升为前提,将特征变量相应状态调整至100%,计算变量关联度,结果如表 7.6 所示。

表 7.6 企业特征变量与创新绩效关联度分析

企业类型	特征变量	调整状态	特征变量概率变动	高绩效概率变动	关联度
复杂驱动型	知识基础宽度	高	1.82%→100%	19%→70.7%	52.66%
	知识基础深度	高	0.87%→100%	19%→60.7%	42.07%
	网络密度	低	12.1%→100%	19%→27.1%	9.22%

续表

企业类型	特征变量	调整状态	特征变量概率变动	高绩效概率变动	关联度
复杂驱动型	中心性	高	9.74%→100%	19%→23.3%	4.65%
	结构洞	高	8.16%→100%	19%→22.5%	3.81%
位置扰动型	中心性	低	18.4%→100%	28.8%→39.5%	13.11%
	结构洞	高	15.8%→100%	28.8%→32.5%	4.39%

通过综合聚类分析、数据描述以及关联度分析可以得出结论：复杂驱动型企业的知识基础相对薄弱，其合作网络虽然规模有限，但网络成员间的关系较为紧密。这类企业依赖的直接知识渠道较少，对网络中知识的控制力也不强。在复杂驱动型企业中，创新绩效受到知识基础宽度的显著影响，其变量间的关联度高达52.66%。表7.6显示，网络密度与创新绩效之间主要呈现负相关关系。这可能是因为紧密的合作网络减少了知识的异质性，从而降低了企业通过网络获得的边际效益。

另一方面，位置扰动型企业的知识基础最为薄弱，尽管它们嵌入的网络规模较大，但合作联结力较弱。这些企业在网络中占据中心位置，但接触到的网络知识往往存在较高的冗余性。位置扰动型企业的创新绩效受中心性的影响最大，低网络中心性与高绩效之间的关联度为13.11%。在关联度分析表中，中心性与创新绩效之间也呈现负相关关系。这可能是因为企业虽然处于中心位置，拥有较多的信息源，但由于内部知识基础的不足，其筛选和吸收外部知识的效率低下，进而引发信息过载问题。在对这两种类型的企业进行分析后发现，网络规模对创新绩效并没有明显的正面或负面影响。

综上，复杂驱动型企业和位置扰动型企业创新绩效影响路径分别如图7.13和图7.14所示。

在图7.13和图7.14中，虚线连接线代表高绩效影响路径，实线连接线代表低绩效影响路径。灰色节点处于高创新绩效影响路径中，黑色节点处于低创新绩效影响路径中，而空心节点则同时处于高创新绩效影响路径和低创新绩效影响路径中。复杂驱动型企业，创新单层级影响路径包括：①知识基础宽度→创新绩效；②知识基础深度→创新绩效；③网络密度→创新绩效；④中心性→创新绩效。多层级影响路径则包括：①知识基础深度→知识基础宽度→创新绩效；

②知识基础深度→网络密度→创新绩效；③知识基础深度→网络密度→中心性→创新绩效；④结构洞→中心性→创新绩效。位置扰动型企业的创新单层级影响路径包括：①中心性→创新绩效；②结构洞→创新绩效。

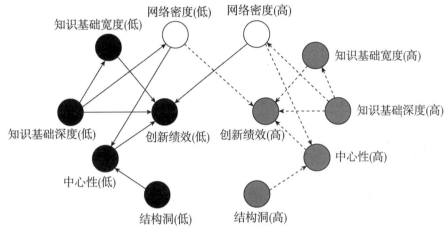

图 7.13　复杂驱动型企业创新绩效影响路径

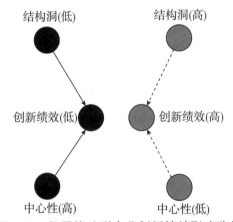

图 7.14　位置扰动型企业创新绩效影响路径

(3) 贝叶斯诊断——变量贡献度分析。

在贝叶斯诊断中，通过贡献度对后发企业创新绩效进行直观的致因分析，有利于为后发企业如何走出创新困境提供建议。设 τ 为某前置变量对结果变量的贡献度，计算公式为：

$$\tau = \frac{\eta^1 - \eta^0}{\eta^0} \times 100\% \tag{7.13}$$

式中，η^0 为结果变量调整前前置节点的概率，η^1 为结果变量调整后前置节点的概率。

在贝叶斯网络模型中，将创新绩效高节点概率调整为100%，计算特征因素对创新绩效的贡献度。结果如表7.7所示。

表7.7 企业特征变量与创新绩效贡献度分析

类型	特征变量	状态	绩效提升贡献度	类型	特征变量	状态	绩效提升贡献度
复杂驱动型企业	知识基础宽度	高	271.40%	位置扰动型企业	结构洞	高	13.30%
		低	-5.10%			低	-2.50%
	知识基础深度	高	220.70%		中心性	高	-8.50%
		低	1.90%			低	37.50%
	网络密度	高	-5.80%		知识基础宽度	高	—
		低	42.20%			低	—
	中心性	高	22.20%		知识基础深度	高	—
		低	-2.40%			低	—
	结构洞	高	18.60%		网络密度	高	
		低	-1.60%			低	
	网络规模	高			网络规模	高	
		低				低	

根据贡献度分析结果，本文得出以下结论：对于复杂驱动型企业，首先应当优先增强其知识基础的宽度和深度，以确保为未来的创新活动打下坚实的基础；其次，这类企业需要优化其外部网络结构，以避免紧密的网络关系导致知识共享趋向同质化，并努力占据创新网络中的有利位置，从而增加创新所需的知识来源。对于位置扰动型企业，由于其知识基础相对薄弱，短期内可以专注于改善自我中心网络结构，具体策略包括降低网络中心性，占据网络结构中的洞穴位置，并构建与内部知识要素水平相匹配的外部创新网络。

此外，还需注意以下四点：①不同类型的企业是动态变化的。例如，复杂驱动型企业通过实施优化策略，一旦其知识基础的宽度和深度超过行业平均水平，就有可能转变为知识优势型企业。因此，后发企业需要有计划地评估其组织知识环境和创新能力，并适时调整创新绩效提升策略。②在复杂驱动型企业的创新绩效影响路径中,网络密度同时出现在高绩效和低绩效两条路径上。这并不与关联度分析和贡献度分析的结果相冲突。在网络密度对创新绩效产生消极影响的路径上,它仅产生单层级的消极作用;而在网络密度对创新绩效产生积极影响的路径上,它则产生多层级的积极作用。这表明,单纯提高网络密度并不利于企业创新。然而,当企业制定了完善的绩效提升策略——在前一阶段丰富知识基础,在下一阶段占据优势网络位置时,网络密度将对创新产生积极影响。这种复杂效应的发现,证实了数据挖掘方法与战略管理研究的兼容性。③在关联度和贡献度分析中,并未体现知识基础对位置扰动型企业创新的影响,这是由企业的特定特征决定的。本文通过知识基础和创新网络两个维度来描述后发企业的特征,而知识基础的匮乏是位置扰动型企业最显著的特征之一。在这一特定的特征框架内,位置扰动型企业短期内难以迅速扩大其知识基础,此时可以通过改善自我中心网络结构来提升创新绩效。④已有研究表明,网络规模对企业创新具有积极影响(姜红,2022)。然而,分析结果表明,网络规模对后发企业创新的作用并不显著。这可能是由后发企业的创新网络和知识基础特征共同造成的。一方面,大多数后发企业的创新网络规模较小,网络知识来源有限,难以支撑企业完成整个创新过程。另一方面,后发企业的知识搜索、吸收和重组能力较弱,即便在网络知识丰富的情况下,也面临着知识利用的难题。

7.2.5 结语

本文聚焦 SoC 芯片企业,采用知识能力的视角,从知识基础和合作网络两个维度深入探讨后发企业的创新影响路径及其提升策略。

1. 本文得出的结论

(1) 通过 K-Means 聚类算法,将后发企业划分为三类特征群体:复杂驱动型企业、知识优势型企业和位置扰动型企业。分析这三类企业的绩效概率发现,知识基础是影响后发企业创新绩效的关键因素。具体而言,知识优势型企业受知识基础宽度的影响最为显著,这类企业的高创新绩效概率达到 100%。相比之下,复杂驱动型企业的知识基础宽度和深度与创新绩效的关联度分别为 52.66% 和 42.07%。

(2) 后发企业的创新影响路径可以分为单层级和多层级两种。同一影响因素在不同层级路径下对创新的作用可能存在显著差异。在绩效传导路径中，知识基础通常发挥积极作用，而网络层面则可能出现相反的情况。对于复杂驱动型企业而言，网络密度在单层级影响路径下的消极作用大于多层级路径下的积极作用。网络密度越高，网络知识刚性越强，不利于企业吸收外部异质性创新知识。对于位置扰动型企业，高中心性与内部知识水平的不匹配可能导致信息过载，进而降低创新效率。

(3) 后发企业可以通过调整知识基础和合作网络结构，充分利用知识能力的第三层能力，从而克服追赶过程中可能遇到的创新难题。

2. 本文的边际贡献

(1) 尽管现有研究通过探讨后发企业的追赶路径，为企业的技术追赶提供了许多启示，但对后发企业在创新过程中可能遭遇的"创新困境"讨论不足。本文引入知识能力视角，探讨了后发企业平衡内外部知识环境的难题，扩展了对后发企业"创新困境"的理论思考。

(2) 针对现有后发企业追赶的研究多以具有代表性的企业案例研究为主，结论的普遍性受限的问题，本文选取特定行业的所有专利授权企业作为研究对象，利用专利数据衡量企业知识基础和构建创新网络，增强了研究结论的普遍适用性。

(3) 早在20世纪80年代，Schoonhoven(1981)就提出，尽管技术、结构、环境与绩效之间存在一定的线性关系，但仍有待检验变量之间的非线性效应。同时，最新的研究(Zhao et al., 2020)认为，基于知识的创新情况应从复杂系统的角度进行解释。本文将企业内外部知识环境视为一个共同运作的系统，并运用机器学习算法，探究了后发企业创新绩效的单层级及多层级影响路径，验证了数据挖掘方法与战略管理研究之间的适配性。

参考文献

[1] 党兴华，张巍，2012. 网络嵌入性、企业知识能力与知识权力[J]. 中国管理科学，20(S2)：615-620.

[2] 敦帅，陈强，丁玉，2021. 基于贝叶斯网络的创新策源能力影响机制研究[J]. 科学学研究，39(10)：1897-1907.

[3] 关健，邓芳，陈明淑，等，2022. 创始人人力资本与高技术新创企业创新：一个有调节的中介模型[J]. 管理评论，34(06)：90-102.

[4] 关鹏，王曰芬，傅柱，等，2021. 专利合作网络小世界特性对企业技术创新绩效的影响研究[J]. 图书情报工作，65(18)：105-116.

[5] 何彬源，李莉，吕一博，等，2022. 创新网络位置与企业内向型开放式创新行为的关系研究——技术群体分化的调节效应[J]. 管理评论，34(04)：90-102.

[6] 黄晗，张金隆，熊杰，2022. 追赶视角下复杂产品的复杂性及其突破机制[J]. 科学学研究，40(11)：2010-2018+2092.

[7] 姜红，高思芃，刘文韬，2022. 创新网络与技术创新绩效的关系：基于技术标准联盟行为和人际关系技能[J]. 管理科学，35(04)：69-81.

[8] 李海林，廖杨月，李军伟，等，2022. 高校杰出学者知识创新绩效的影响因素研究[J]. 科研管理，43(03)：63-71.

[9] 刘军，2014. 整体网分析[M]. 上海：上海人民出版社：19-20.

[10] 彭新敏，刘电光，2021. 基于技术追赶动态过程的后发企业市场认知演化机制研究[J]. 管理世界，37(04)：180-195.

[11] 彭新敏，马帅，2023. 国际领先客户、国内产学研与后发企业追赶[J]. 科学学研究，41(04)：659-668.

[12] 彭新敏，张瑞琪，刘电光，2022. 后发企业超越追赶的动态过程机制——基于最优区分理论视角的纵向案例研究[J]. 管理世界，38(03)：145-162.

[13] 彭新敏，郑素丽，吴晓波，等，2017. 后发企业如何从追赶到前沿？——双元性学习视角[J]. 管理世界(02)：142-158.

[14] 钱锡红，杨永福，徐万里，2010. 企业网络位置、吸收能力与创新绩效——一个交互效应模型[J]. 管理世界(05)：118-129.

[15] 寿柯炎, 魏江, 2018. 后发企业如何构建创新网络——基于知识架构的视角[J]. 管理科学学报, 21(09): 23-37.

[16] 田真真, 王新华, 孙江永, 2020. 创新网络结构, 知识转移与企业合作创新绩效[J]. 软科学, 34(11): 77-83.

[17] 王泓略, 曾德明, 陈培帧, 2020. 企业知识重组对技术创新绩效的影响——知识基础关系特征的调节作用[J]. 南开管理评论, 23(01): 53-61.

[18] 魏旭光, 翟文志, 李悦, 等, 2020. 网络密度对后发企业价值网络结构重构的影响——信息共享的调节性中介效应[J]. 科技管理研究, 40(06): 233-237.

[19] 吴晓波, 付亚男, 吴东, 等, 2019. 后发企业如何从追赶到超越?——基于机会窗口视角的双案例纵向对比分析[J]. 管理世界, 35(02): 151-167.

[20] 杨晔, 朱晨, 2019. 合作网络可以诱发企业创新吗?——基于网络多样性与创新链视角的再审视[J]. 管理工程学报, 33(04): 28-37.

[21] 曾德明, 陈培祯, 2017. 企业知识基础、认知距离对二元式创新绩效的影响[J]. 管理学报, 14(08): 1182-1189.

[22] 尹航, 张龙泉, 2022. 创业企业自主研发、外部搜寻模式选择研究[J]. 科学学研究, 40(10): 1844-1852.

[23] 应瑛, 刘洋, 魏江, 2018. 开放式创新网络中的价值独占机制: 打开"开放性"和"与狼共舞"悖论[J]. 管理世界, 34(2): 144-160.

[24] 赵炎, 叶舟, 韩笑, 2022. 创新网络技术多元化、知识基础与企业创新绩效[J]. 科学学研究, 40(09): 1698-1709.

[25] 周文浩, 李海林, 2022. 合作网络异质性特征与企业创新绩效的关系[J/OL]. 系统管理学报, DOI: http://kns.cnki.net/kcms/detail/31.1977.N.20220901.1613.002.html.

[26] ALBORT-MORANT G, LEAL-MILLAN A, CEPEDA-CARRION G, et al., 2018. Developing green innovation performance by fostering of organizational knowledge and coopetitive relations[J]. Review of Managerial Science, 12(02): 499-517.

[27] AN W, HUANG Q, LIU H, 2022. The match between model design and knowledge base in firm growth: from a knowledge-based view[J]. Technology Analysis and Strategic Management, 34(01):99-111.

[28] BURT R S，2019. Network disadvantaged entrepreneurs: density，hierarchy，and success in China and the west[J]. Entrepreneurship Theory and Practice，43(01): 19-50.

[29] BURT R S，1992. Structural Holes: the social structure of competition[M]. Cambridge，MA: Harvard University Press.

[30] CHANG C，TSAI J，HUNG S，2013. Resolving the innovation puzzle of latecomers: the case of Taiwan[J]. Technology Analysis and Strategic Management，25(04): 459-472.

[31] CHAUDHARY S，2019,. Knowledge stock and absorptive capacity of small firms: the moderating role of formalization[J]. Journal of Strategy and Management，12(2):189-207.

[32] DE'ATH G，FABRICIUS KE，2000. Classification and regression trees: a powerful yet simple technique for ecological data analysis[J]. Ecology，81(11):3178-3192.

[33] DONG J Q，YANG C H，2016. Being central is a double-edged sword: knowledge network centrality and new product development in US pharmaceutical industry[J]. Technological Forecasting and Social Change，113: 379-385.

[34] DU J，XU Y，VOSS H，et al.，2021. The impact of home business network attributes on Chinese outward foreign direct investment[J/OL]. International Business Review，30(04): 101779.

[35] GRANT R M，1996. Toward a knowledge-based theory of the firm[J]. Strategic Management Journal，17(02):109-122.

[36] GUO M，YANG N，ZHANG Y，2021. Focal enterprises' control and knowledge transfer risks in R&D networks: the mediating role of relational capability[J]. European Journal of Innovation Management，24(03):870-892.

[37] HOBDAY M，1995. East Asian latecomer firms: learning the technology of electronics[J]. World Development，23(07): 1171-1193.

[38] HUANG X，YE Y，ZHANG H，2014. Extensions of Kmeans-type algorithms: a new clustering framework by intergrating intracluster compactness and intercluster separation[J]. IEEE Transactions on Neural Networks and Learning Systems，25(08):1433-1446.

[39] KIM D B, PARK M J, 2019. Latecomers' path-creating catch-up strategy in ICT industry: the effect of market disparity and government dependence[J]. Journal of Entrepreneurship in Emerging Economies, 11(02): 234-257.

[40] LI F, CHEN Y, LIU Y, 2019. Integration modes, global networks, and knowledge diffusion in overseas M&As by emerging market firms[J]. Journal of Knowledge Management, 23(07): 1289-1313.

[41] LIAO Y, PHAN P, 2016. Internal capabilities, external structural holes network positions, and knowledge creation[J]. Journal of Technology Transfer, 41(05):1148-1167.

[42] LIU F, TING K, ZHOU Z, 2012. Isolation-based anomaly detection[J]. Acm Transactions on Knowledge Discovery from Data, 6(01):1-39.

[43] LIU J, YU J, CHEN F, et al., 2022. How latecomers strategically respond to global-local resources and leverage local ecosystems: evidence from China's integrated circuit design firms[J]. Technological Forecasting and Social Change, 183: 121872.

[44] MATHEWS J A, 2002. Competitive advantages of the latecomer firm: a resource-based account of industrial catch-up strategies[J]. Asia Paciffic Journal of Management, 19(04):467-488.

[45] MATHEWS J A, 2017. Dragon multinationals powered by linkage, leverage and learning: a review and development[J]. Asia Pacific Journal Management, 34(04): 769-775.

[46] MIAO Y, SONG J, LEE K, et al., 2018.Technological catch-up by east Asian firms: trends, issues, and future research agenda[J]. Asia Pacific Journal od Management, 35(03): 639-669.

[47] NGUYEN D Q, 2021. How firms accumulate knowledge to innovate–an empirical study of Vietnamese firms[J]. Management Decision, 60(05): 1413-1437.

[48] PENG X, ZHENG S, COLLINSON S, et al., 2022.Sustained upgrading of technological capability through ambidextrous learning for latecomer firms[J]. Asian Journal of Technology Innovation, 30(01): 1-22.

[49] PETTI C,TANG Y L,MARGHERITA A,2019. Technological innovation vs technological backwardness patterns in latecomer firms: an absorptive capacity perspective[J]. Journal of Engineering and Technology Management,51: 10-20.

[50] QIN L,SUN S L,2022. Knowledge collaboration in global value chains: a comparison of supplier selection between a forerunner and a latecomer[J]. Asia Pacific Journal Management,41(07):51-79.

[51] SCHOONHOVEN C B,1981. Problems with contingency theory: testing assumptions hidden within the language of contingency" theory"[J]. Administrative Science Quarterly,26(03):349-377.

[52] TANG C,LIU L,XIAO X,2021. How do firms' knowledge base and industrial knowledge networks co-affect firm innovation? [J]. IEEE Transactions on Engineering Management(99):1-11.

[53] TEECE D J,PISANO G,SHUEN A,1997. Dynamic capabilities and strategic management[J]. Strategic Management Journal,18(07):509-533.

[54] WANG H,ZHAO Y,DANG B,et al.,2019. Network centrality and innovation performance: the role of formal and informal insititutions in emerging economies[J]. Journal of Business and Industrial Marketing,34(06): 1388-1400.

[55] YAYAVARAM S,AHUJA G,2008. Decomposability in knowledge structures and its impact on the usefulness of inventions and knowledge-base malleability[J]. Administrative Science Quarterly,53(02): 333-362.

[56] HANG J,BADEN-FULLER C,2010. The influence of technological knowledge base and organizational structure on technology collaboration[J]. Journal of Management Studies,47(04):679-704.

[57] ZHANG K,WANG JF,FENG LJ,et al.,2019. The evolution mechanism of latecomer firms value network in disruptive innovation context: a case study of Haier Group[J]. Technology Analysis & Strategic Management,31(12): 1488-1500.

[58] ZHAO J,LI S,XI X,et al.,2021. A quantum mechanics-based framework for knowledge-based innovation[J]. Journal of Knowledge Management,26(03): 642-680.